Seiner Excellenz

Herrn

Johann Christoph von Wöllner,

Königlichem wirklichen Geheimen Staats- und Justiz-Minister, Chef des geistlichen Departements in Evangelisch-Lutherischen Kirchen- und Schul- auch alle Stifts- und Klöster, imgleichen die katholische Geistlichkeit betreffenden Sachen, erstem Präsidenten des Evangelisch-Lutherischen Ober-Consistoriums, Churmärkischen Amts-Kirchen-Revenüen- und Armen-Directoriums, Ober-Curator der Universitäten auch Curator der Dreifaltigkeits-Kirche und der Realschule, Director der Königlichen Bibliothek, Kunst-Kammer, Medaillen-Cabinet und Bibliothek-Kasse, Probst des Fräulein-Stifts zum Heiligen Grabe, Canonicus des Obercollegiat-Stifts Unserer lieben Frauen zu Halberstadt, Mitgliede der Akademie der Wissenschaften und bildenden Künste, wie auch der naturforschenden Gesellschaft zu Berlin und der Churmärkischen ökonomischen Gesellschaft zu Potsdam; desgleichen der freien ökonomischen Gesellschaft zu St. Petersburg, der Societät zu Bern, der Königl. Großbritannischen und Churfürstl. Braunschweig-Lüneburgischen ökonomischen Gesellschaft zu Zelle, der physikalisch-ökonomischen Gesellschaft zu Manheim ꝛc., Erbherrn auf Groß- und Klein-Rietz, Birkholtz, Rasmannsdorf und Drahendorf u. s. w.

Hochwohlgeborner Freiherr,
Hochgebietender Herr Staats- und Justiz-Minister,
Gnädigster Chef,

Ew. Hochfreiherrliche Excellenz sind nicht nur als Chef Eines Königl. hochpreislichen Ober-Consistoriums und Ober-Schulcollegiums, sondern auch als Ober-Curator der sämmtlichen Anstalten der hiesigen Königl. Real-Schule und der Dreifaltigkeits-Kirche Einer meiner hohen verehrungswürdigen Vorgesetzten, Einer meiner huldreichsten Wohlthäter und Gönner. So ists denn nur tief gefühlte und ehrfurchtsvolle Dankbegierde, die mich veranlasset, nachstehende geographische Blätter Hochdenennenselben unterthänigst zu überreichen. Mögen sie so glücklich seyn, Ew. Excellenz höchst schätzbaren Beifall wenigstens einigermaßen zu erhalten und Hochdieselben von den Gesinnungen der tiefen und dankvollen Verehrung zu überzeugen, mit welcher ich verharre

Ew. Hochfreiherrlichen Excellenz

Berlin, den 17. April 1796.

unterthänig = gehorsamster
Diener
Fr. Herzberg.

Vorrede
zur ersten Auflage.

Wer das Glück hat, zu den Unterthanen eines wohl eingerichteten und gut regierten Staats zu gehören, der muß nothwendig diesen Staat um so mehr lieb gewinnen, je mehr er Gelegenheit findet, ihn genau kennen zu lernen. Man könnte daher, wie ich glaube, auf keine leichtere und bessere Art der Jugend wahre Vaterlandsliebe einflößen, als wenn man sie schon frühzeitig in den Schulen mit der natürlichen und bürgerlichen Beschaffenheit und den großen Vorzügen unsers Staats bekannt machte; welches aber bisher, wenigstens in den meisten niederen

Volksschulen, leider! noch nicht geschehen ist, weil es den Lehrern derselben bei ihrem vielleicht sehr guten Willen an der nöthigen Anleitung und Geschicklichkeit zu diesem wichtigen Geschäfte fehlte. Der Abriß der vaterländischen Geographie, den ich hier dem Publikum übergebe, scheint mir daher keine unnütze und überflüssige Arbeit zu seyn. Ich habe bei der Anfertigung desselben auf gelehrte und Volksschulen zugleich Rücksicht genommen. In den ersteren mag über dies kleine Buch, und in den letzteren aus diesem kleinen Buche gelehrt werden; oder mit andern Worten: für gelehrte Schulen soll dies kleine Buch bloß Abriß seyn, den der Lehrer weitläuftiger, oder kürzer durchkommentiren kann; in den Volksschulen hingegen soll es dem von Hülfsmitteln entblößten Lehrer zur Vorbereitung auf den nöthigen und zweckmäßigen Unterricht in der vaterländischen Geographie dienen. Diesen doppelten Zweck

habe

habe ich bei der Ausarbeitung dieser Bogen immer vor Augen gehabt, habe eben darum die Mittelstraße zwischen einer gedehnten Weitläuftigkeit und einer zu mageren Kürze gehalten, hin und wieder auch manches, das schlechterdings nicht für Anfänger in der Geographie gehört (z. B. einige nicht wohlfeile Karten, die genaue Eintheilung der Provinzen in Kreise u. s. w.), bloß für den Lehrer angeführt, und bei meiner ganzen Arbeit die besten und sichersten Quellen treu und mühsam benutzet. Sollte dieser mein erster Versuch über die vaterländische Geographie einigen Beifall erhalten; so würde ich mich dadurch aufgemuntert fühlen, die in diesem Abriß noch vorhandenen Lücken bei einer andern Gelegenheit auszufüllen, und das Studium der Geographie und Statistik der Preußischen Staaten mit verdoppeltem Eifer fortzusetzen. Jetzt danke ich nur noch allen den verdienstvollen Männern, die mich bei der An-

 fer-

fertigung dieses Abrisses unterstützten, aufs verbindlichste, und unter diesen vorzüglich dem verehrungswürdigen Hrn. O. C. R. Büsching, der die besondere Güte gehabt hat, mir über das ihm zugeschickte Manuscript zu diesem kleinen Werke mehrere interessante mündliche und schriftliche Anmerkungen und Belehrungen mitzutheilen, und füge den herzlichen Wunsch hinzu, daß durch den zweckmäßigen Gebrauch dieses kleinen Buches richtige Vaterlandskenntniß, und eben damit auch wahre echte Vaterlandsliebe bei der Jugend befördert werden möge.

Berlin, den 27sten April 1790.

Der Verfasser.

Vor=

Vorrede

zur zweiten Auflage.

Ich übergebe hier dem Publikum die zweite durchaus verbesserte und in Absicht der Bogenzahl mehr als zwiefach vermehrte Auflage meines vor 6 Jahren erschienenen kurzen Abrisses der Geographie der Königlich-Preußischen

schen Staaten. Seit der Erscheinung der ersten Auflage dieses kleinen Werks hat die Preußische Monarchie durch die Wiedervereinigung der Fränkischen Fürstenthümer Anspach und Baireuth nebst Zubehör mit der Primogenitur des Churhauses Brandenburg und durch die Acquisition von Süd-Preußen nebst Danzig und Thorn einen überaus wichtigen und ansehnlichen Zuwachs erhalten; und dieser Umstand allein mußte schon eine beträchtliche Vermehrung und Erweiterung dieser kleinen vaterländischen Geographie zur nothwendigen Folge haben.

Aber

Aber nicht zufrieden damit, jene neuen Provinzen in dieser zweiten Auflage möglichst genau bearbeitet zu haben, revidirte, erweiterte und verbesserte ich auch aufs sorgfältigste die geographische Beschreibung der alten Provinzen, und fügte mehrere ganz neue Kapitel, z. B. die historische Nachweisung des allmählichen Anwachses der Preußischen Monarchie, die literarischen Notizen von den besten neueren Hülfsmitteln an Karten und Büchern u. d. m. hinzu, von welchen ich hoffen darf, daß sie dem Publikum

und

und sonderlich auch den Lehrern der vaterländischen Geographie willkommen seyn werden. Manche von diesen alten Provinzen, z. B. Halberstadt, Hohnstein, Wernigerode, Lingen, Tecklenburg, Ostfriesland, den Netzdistrikt u. s. w. habe ich so ganz umgearbeitet, daß kaum einzelne Zeilen von der ersten Auflage stehen geblieben sind, und daß man also diese zweite Auflage gewissermaßen als ein ganz neues Werk und als ein kurzes Handbuch der vaterländischen Geographie betrachten kann. Kenner der geographischen Wissenschaften werden

hafhoffentlich finden, daß ich mir die Bearbeitung dieses Buches nichts weniger als bequem gemacht, daß ich nicht aus geographischen Compendien und Lehrbüchern, sondern aus den besten Quellen, deren ich weit mehrere noch, als ich in den literarischen Notizen anführen können, benutzt habe, unmittelbar und mit eignen Augen geschöpft, bei einigen Provinzen auch mehrere bisher ungedruckte Nachrichten gebraucht, und überall mit gebührender und pflichtmäßiger Achtung für das Publikum, wie sie ein jeder Schriftsteller hegen und beweisen sollte, gearbeitet habe. — Möge Gott nun auch den Gebrauch dieser zweiten Auflage in den vaterländischen und andern Schulen zur Vermehrung nützlicher Kenntnisse und wahrer Vaterlandsliebe segnen, und so meine Hoffnungen und Wünsche, womit ich dies kleine Werk angefertiget habe, zu meiner Freude erfüllen! Die zweite und letzte Abtheilung desselben wird übrigens in einigen Monaten nachfolgen.

Berlin, den 16ten April 1796.

Der Verfasser.

I.

Geographische Uebersicht der sämmtlichen Königlich-Preußischen und Churfürstlich-Brandenburgischen Staaten.

Die Preußische Monarchie besteht theils aus Deutschen Reichsländern, theils aus souverainen Staaten. Die ersteren liegen in dem Obersächsischen, dem Niedersächsischen, dem Niederrheinisch-Westphälischen und dem Fränkischen Kreise von Deutschland zerstreuet, die letzteren aber außerhalb der Gränzen des Deutschen Reichs. Es gehören zur Preußischen Monarchie:

I. An Deutschen Reichsländern.

A. In dem Obersächsischen Kreise:

a) Die Mark Brandenburg. Sie wird eingetheilt:

aa. in die Churmark (westwärts der Oder), welche die Altmark, Prignitz, Mittelmark und Ukermark begreift, und

bb. in die Neumark (ostwärts der Oder).

b) Das Herzogthum Pommern, mit Inbegriff der demselben einverleibten Herrschaften Lauenburg und Bütow, und mit Ausschluß des Schwedischen Antheils an Vor-Pommern nordwärts des Peene-Flusses. Die Provinz wird eingetheilt:

aa. in Vor-Pommern (westwärts der Oder) und

bb. in Hinter-Pommern (ostwärts der Oder).

c) Ein Theil der Grafschaft Mansfeld, welcher aber unter Magdeburgischer Landeshoheit steht, und daher auch jetzt als ein Theil dieses Herzogthums angesehen wird.

d) Die Herrschaften Lora und Klettenberg, welche auch die Grafschaft Hohenstein genannt werden, und dem Fürstenthum Halberstadt einverleibt sind.

e) Die Schutzvogtei über die Abtei Quedlinburg, und

f) Die Lehns- und Landeshoheit über die Grafschaft Wernigerode. Die Brandenburgischen Gerechtsamen in Wernigerode werden von Halberstadt aus respicirt und verwaltet, und wird daher diese Provinz, so wie das nahgelegene Quedlinburgische gewissermaßen auch als zum Fürstenthum Halberstadt gehörig betrachtet und dabei abgehandelt.

B. Im Niedersächsischen Kreise:

1) Das Herzogthum Magdeburg.

2) Das

2) Das Fürstenthum Halberstadt nebst der als ein Lehn der Abtei Gandersheim eigentlich zur Altmark gehörigen Herrschaft Derenburg.

C. Im Niederrheinisch-Westphälischen Kreise:

1) Das Herzogthum Cleve.

2) Das Fürstenthum Minden.

3) Das Fürstenthum Ostfriesland.

4) Das Fürstenthum Mörs oder Meurs.

5) Die Grafschaft Mark.

6) Die Grafschaft Ravensberg.

7) Die Grafschaft Tecklenburg.

8) Die Grafschaft Lingen.

9) Der vormals Markgräflich-Brandenburg-Onolzbachische Antheil an der Grafschaft Sayn, oder die Grafschaft Sayn-Altenkirchen, welche aber, nach dem Absterben des jetzt in England lebenden letzten Markgrafen von Anspach Christian Friedrich Carl Alexander, Chur-Hannover anheimfällt, wegen der Gemahlinn Königs Georg II. Carolina, einer gebornen Anspachischen Prinzessinn.

D. Im Fränkischen Kreise:

1. Das Fürstenthum Culmbach oder Bayreuth.

2. Das Fürstenthum Onolzbach oder Anspach.

3. Ein Theil der (eigentlich in Schwaben am Kocher-Fluß gelegenen) Herrschaft Limburg.

4. Die

4. Die Herrschaft Hausen.

II. An souverainen Staaten außerhalb Deutschlands.

A. Das Königreich Preußen. Es begreift:
1) Ost-Preußen.
2) West-Preußen mit dem Netzdistrikt und den im Jahr 1793 acquirirten Städten Danzig und Thorn und deren Gebieten.
3) Süd-Preußen nach dem doppelten Theilungs-Traktate und Gränzzuge von 1793 und 1795.

B. Das Herzogthum Schlesien (mit Ausschluß des Oesterreichischen Antheils an Ober-Schlesien) nebst der Grafschaft Glatz. Es wird eingetheilt in
1) Nieder-Schlesien.
2) Ober-Schlesien und
3) Die Grafschaft Glatz.

C. Ein Theil des Oberquartiers und Herzogthums Geldern an der westlichen Gränze des Westphälischen Kreises (zu welchem es auch, wiewohl mit Unrecht, gerechnet zu werden pflegt) belegen und vormals zum Burgundischen Kreise gehörig.

D. Das Fürstenthum Neufchatel oder Neuenburg nebst der Herrschaft Vallangin in der Schweiz an der Französischen Gränze.

II.

Historische Nachweisung des allmählichen Anwachses der Preußischen Monarchie von 1417 — 1796.

Es ist der Mühe werth, näher zu zeigen, wie alle diese vorher genannten Provinzen der Preußischen Monarchie theils durch Kauf, Schenkungen, Erb-Verbrüderungen und andere Verträge, theils aber auch durch Eroberungen und Besitznehmungen unter den Regenten aus dem Hause Hohenzollern zusammengekommen und in einem Zeitraum von etwa 380 Jahren (von 1417 bis 1796) nach und nach zu einem so angesehenen Staate vereinigt worden sind. Das erste ursprüngliche Stammland der Preußischen Monarchie ist:

1) Die Churmark Brandenburg. Kaiser Sigismund überließ diese Provinz nebst allem ihrem Zugehör, der Churwürde und dem Erzkämmerer-Amte, im Jahr 1415 mit Einwilligung sämmtlicher Chur- und Reichsfürsten für 400000 Ungarische Goldgulden oder Ducaten an den Burggrafen Friedrich VI. von Nürnberg aus dem Hause Hohenzollern, der auch am 18ten April 1417 für sich und seine männlichen Nachkommen die förmliche Belehnung darüber er-

erhielt, als erster Churfürst von Brandenburg aus dem Hohenzollerschen Hause den Namen Friedrich I. führte, und am 21sten September 1440 starb.

Unter seinem Sohne und Nachfolger dem Churfürsten Friedrich II. (regierte von 1440 bis 1470) kamen dazu:

2) Die Herrschaft Cottbus, 1443. Reinhardt, Herr von Cottbus, überließ in einer zu Spandau ausgestellten Urkunde auf den Fall seines Absterbens diese Herrschaft dem Churhause Brandenburg.

3) Die Herrschaft, Stadt und Schloß Peitz 1448, durch Kauf von dem Johann von Waldau für 6000 Gulden Rheinischer Währung.

4) Die Lehns- und Landeshoheit über die Grafschaft Wernigerode 1449, vermöge des Vertrages zu Zinna mit dem Erzbischof Friedrich von Magdeburg.

5) Die Herrschaft Derenburg im Fürstenthum Halberstadt 1451, als ein Lehn von der Abtei Gandersheim.

6) Die Neumark 1555. Diese Provinz war schon in vorigen Zeiten einmal mit der Churmark vereinigt gewesen, dann aber an den Deutschen Orden veräußert worden. Jetzt erhielt sie Churfürst Friedrich II. von dem Orden für 100000 Gulden Rheinisch zurück, jedoch vor der Hand nur wiederkäuflich. Im Jahr 1517 begab sich aber der damalige Hochmeister des Deutschen Ordens,

Ordens, Markgraf Albrecht von Brandenburg, mit Einwilligung des Ordens aller Ansprüche und Gerechtigkeit an die Neumark auf ewig.

Unter Churfürst Albrecht Achilles, der von 1470 bis 1486 regierte, erlangte das Haus Brandenburg:

7) Das Schloß und die Stadt Crossen, Züllichau, Sommerfeld und Bobersberg mit allen Ein- und Zugehörungen 1482 durch die Vermählung der Prinzessinn Tochter Albrechts, Barbara, mit dem Herzoge Heinrich XI. von Glogau, der diese seine Gemahlinn, und auf den Fall ihres Absterbens, das Churhaus Brandenburg zum Erben seiner ganzen Verlassenschaft an Land und Leuten eingesetzt hatte, und vermöge des Friedens zu Camenz (1482), der den über diese Erbschaft mit den übrigen Prätendenten entstandenen Krieg beendigte, und einiger andern in späteren Zeiten darüber geschlossenen Verträge.

Unter des Churfürsten Johann Cicero Regierung von 1486 bis 1499 erwarb das Churhaus Brandenburg:

8) Die Herrschaft Zossen, als ein Böhmisches Lehn 1499, durch Kauf von dem Georg von Stein für 16000 Rheinische Gulden.

Unter des Churfürsten Jachim I. Regierung von 1499 bis 1535 fiel

9) Die Herrschaft Ruppin, nach Absterben des letzten Grafen Wichmann ohne männliche Erben im Jahr 1524, als ein eröffnetes Lehn

 der

der Mark Brandenburg, dem Churhause anheim.

Unter Joachim II., der von 1535 bis 1571 regierte, wurden die Brandenburgischen Lande vermehrt mit

10) Den Herrschaften Beeskow und Storkow, als Böhmischen Lehnen, durch Kauf oder vielmehr pfandweise; aber erst im Jahr 1575 belehnte Kaiser Maximilian II. Joachims des 2ten Nachfolger den Churfürsten Johann Georg (starb 1598) förmlich mit denselben, und überließ sie ihm erb- und eigenthümlich.

Während der Regierung des Churfürsten Joachim Friedrich von 1598 bis 1608 fand keine weitere Vermehrung Statt. Einen desto ansehnlicheren Zuwachs aber erhielten die Churbrandenburgischen Staaten unter der nachfolgenden Regierung des Churfürsten Johann Siegmund von 1608 bis 1619. Es kamen nämlich in dieser Zeit dazu:

11) Das Herzogthum Cleve.

12) Die Grafschaft Mark und

13) Die Grafschaft Ravensberg in dem Jahre 1609, nach dem Absterben des letzten Herzogs von Jülich, Berg u. s. w. Johann Wilhelm. Johann Sigismund behauptete für seine Gemahlinn Anna gegen das Haus Pfalz-Neuburg und die übrigen Erbschafts-Prätendenten das größte Recht auf die Nachfolge in den sämmtlichen Jülichschen Landen, weil deren Mutter Maria Eleonora, Gemahlinn

des

des Herzogs Albrecht Friedrich von Preußen (sie starb 1608), des letztverstorbenen Herzogs von Jülich u. s. w. älteste, und die Gemahlinn des Pfalzgrafen von Neuburg Philipp nur ihre zweite Schwester war. Daraus entstand nun der langwierige Jülichsche Erbfolge-Streit; aber endlich verglichen sich die beiden Häuser Brandenburg und Pfalz-Neuburg, die die nächsten Rechte und Ansprüche auf die Erbschaft hatten, durch den Vertrag zu Xanten im Jahr 1614 vorläufig dahin: daß Brandenburg die Grafschaften Mark und Ravensberg und das Herzogthum Cleve erhielt, und das Uebrige (nämlich die Herzogthümer Jülich und Berg nebst der Herrlichkeit Ravenstein) an Pfalz-Neuburg fiel; eine Uebereinkunft, die auch in späteren Zeiten durch den Clever Staatsvertrag vom 9ten Sept. 1666 zwischen Friedrich Wilhelm dem Großen, Churfürsten von Brandenburg, und dem Pfalzgrafen beim Rhein und Herzog von Neuburg Philipp Wilhelm bestätiget wurde.

14) Die Herrschaften Schwedt und Vierraden 1609 nach Absterben des letzten Grafen von Hohenstein, Märkischer Linie, Martin, als eröffnete Lehne.

15) Das Herzogthum Preußen (das jetzige Ost-Preußen) im Jahr 1618. Es war (so wie auch das ganze ehemalige Polnische Preußen) seit dem 13ten Jahrhunderte anfänglich ein unabhängiges Eigenthum des Deutschen Ritterordens,

dens, verblieb diesem indeß nach dem Thorner Frieden 1466, durch welchen auch Polnisch Preußen für ihn verloren ging, nur als ein Polnisches Lehn, ward endlich 1525 in ein weltliches Herzogthum verwandelt, und Markgraf Albrecht von Brandenburg, der letzte Hochmeister des Ordens, erhielt als Herzog von Preußen von Polen darüber für sich und das ganze Markgräfliche Haus die förmliche Belehnung. Im Jahr 1568 folgte ihm Markgraf Albrecht Friedrich als Herzog von Preußen, vermählt mit Maria Eleonora, der ältesten Schwester des letzten Herzogs von Jülich und Cleve, und Schwiegervater des Churfürsten Johann Sigmund von Brandenburg, der 1618, da Albrecht Friedrich ohne männliche Erben starb, zu dem völligen Besitze des Herzogthums Preußen gelangte. Der Churfürst hatte bereits 1609 von der Krone Polen über diesen seinen blödsinnigen Schwiegervater die Vormundschaft und die Landesregierung, 1611 die Belehnung, und endlich 1612 die völlige Einführung in das Land für sich, seine Erben und Mitbelehnten erhalten. —

Die Regierung des Churfürsten George Wilhelm, von 1619 bis 1640, fiel in die Epoche des dreißigjährigen Krieges; und dieser war bekanntlich die Quelle des vielfachsten Elendes und Verlustes für die Brandenburgischen Lande. Aber eben dieser schreckliche Verlust erheischte bei dem Abschluß des Westphälischen Friedens große und ansehnliche Entschädigungen für das Haus Brandenburg, und es erhielt dieselben auch durch mehrere neue Provinzen, die ihm in diesem Frieden zuerkannt wurden; so wie denn überhaupt während der langen und glorreichen Regierung des Churfürsten Friedrich Wilhelm des Großen, von 1640 bis 1688, die schnelle und ins Große gehende Vermehrung und Erweiterung der Brandenburgischen Staaten zuerst begann, und ein solider Grund zu der jetzt so hoch gestiegenen Macht der Preußischen Monarchie gelegt ward. Churfürst Friedrich Wilhelm erhielt durch den Westphälischen Frieden 1648:

16) Hinter-Pommern. Der letzte Herzog von Pommern, Bogislaus der Vierzehnte, war im Laufe des dreißigjährigen Krieges am 10ten März 1637 gestorben; und nun hätte, vermöge der zwischen dem Hause Brandenburg und den Herzogen von Pommern errichteten und vielfältig erneuerten und bestätigten Erbverbrüderungen und Verträge, dem Churfürsten Friedrich Wilhelm eigentlich ganz Pommern anheim fallen sollen; aber dieser sahe sich durch die Umstände genöthiget, Vor-Pommern, wiewohl höchst ungern, an die Krone Schweden als Mitentschädigung für die in dem dreißigjährigen Kriege zur Vertheidigung und Behauptung der politischen und religiösen Freiheit Deutschlands gemachten großen Aufopferungen zu überlassen, und für dieses große Opfer folgende säcu-

lari-

larisirte Reichs-Provinzen als Aequivalent anzunehmen, nämlich:

17) Das Stift Halberstadt, als ein weltliches und erbliches Fürstenthum, nebst der Grafschaft Hohenstein, welche letztere aber der Churfürst dem Grafen Johann zu Sayn und Witgenstein als ein Mannslehn ertheilte. Friedrich Wilhelms Nachfolger, Churfürst Friedrich III., zog indeß diese Grafschaft als ein Halberstädtisches Lehn, aus guten Gründen, im Jahr 1699 ein, wobei er aber doch im Jahr 1702 dem Grafen August zu Sayn und Witgenstein die Versicherung ausstellte, daß er alle auf dieser Grafschaft haftende Schulden über sich nehmen und ihm noch außerdem die Summe von 100000 Species-Thalern bezahlen wolle.

18) Das Bisthum Minden in Westphalen, als ein weltliches und erbliches Fürstenthum.

19) Das Bisthum Camin in Hinter-Pommern, unter gleichem Titel wie Minden und Halberstadt.

20) Das Erzbisthum Magdeburg (von dem indeß die vier wichtigen Aemter Querfurt, Jüterbock, Dahme und Burg getrennet wurden), als ein weltliches und erbliches Herzogthum, zu dessen völligem Besitze das Haus Brandenburg aber erst nach dem 1680 erfolgten Absterben des damaligen Administrators, Herzogs August von Sachsen, gelangte. Noch erhielt das Haus Brandenburg, außer diesen durch den Westph. Frieden acquirirten Provinzen, unter des Chur-

für-

fürsten Friedrich Wilhelm des Großen Regierung:

21) Die Souverainität über das Herzogthum Preußen, und die Befreiung von der Lehnsverbindung gegen Polen, durch den Staatsvertrag zu Welau vom 19ten September 1657.

22) Die (jetzt zu Pommern gehörigen) Herrschaften Lauenburg und Bütow mit allem Zubehör, als männliche Polnische Lehne von dem Könige und der Republik Polen; desgleichen die Castellanei Draheim nebst der Stadt Elbing pfandweise durch den Staatsvertrag zu Bromberg vom 6ten Nov. 1657. Beide Staatsverträge, so wohl der Welauer als auch der Brombergische, waren Früchte der klugen und siegreichen Theilnehmung des Churfürsten an dem damaligen Schwedisch-Polnischen Kriege, und wurden durch den Frieden zu Oliva 1660 bestätiget.

23) Die Grafschaft Regenstein oder Rheinstein, als ein eröffnetes Halberstädtisches Lehn, nach dem Tode ihres Besitzers, des Grafen Johann Erasmus von Tettenbach, der, weil er an einer Zusammenverschwörung wider den Kaiser Leopold Antheil genommen, am 21ten Nov. 1671 zu Wien enthauptet wurde.

24) Die Hinter-Pommerschen Städte Camin, Golnow, Greiffenhagen und Bahn nebst deren Gebiete 1679 von der Krone Schweden durch den Friedensschluß zu St. Germain·

main. Diese Städte hätten eigentlich, vermöge des Westph. Friedens, schon dem Churhause Brandenburg anheim fallen müssen; aber die Krone Schweden hatte sie ihm in dem Stettiner Gränzvertrage widerrechtlich entrissen und seitdem vorenthalten. Jetzt war ihre Zurückgabe eine Folge und Frucht der von dem großen Churfürsten bei Fehrbellin und an andern Orten über die Schweden erfochtenen glorreichen Siege, die wohl noch einen größern und reicheren Lohn verdient hätten und auch erhalten haben würden, wenn Frankreichs Politik und Uebermacht den Churfürsten nicht genöthigt hätte, sich mit der Abtretung jener Städte zu begnügen.

25) Den zum Niederschlesischen Fürstenthum Glogau gehörenden und mit der Neumark gränzenden Schwiebusischen Kreis. Das Haus Brandenburg hatte sehr rechtskräftige Ansprüche auf die Schlesischen Fürstenthümer Jägerndorf, Ratibor, Oppeln, Brieg, Wohlau und Liegnitz, wegen Erbverbrüderungen, die es mit deren vormaligen Besitzern errichtet und die Könige von Böhmen auch bestätiget hatten. Als ein angebliches, höchst armseliges, Aequivalent für diese von dem großen Churfürsten gegen den ungleich mächtigeren Kaiser in Anspruch genommenen Lande, trat dieser, der jene Fürstenthümer eingezogen, 1686 den Schwiebusischen Kreis an den ersteren ab. Und gleichwohl gab Churfürst Friedrich III., vermöge eines mit List erschlichenen

nen Reverses, den er als Chur-Prinz ausgestellt, auch diesen Kreis im Jahr 1695 an den Kaiser zurück, indem er es, wie er sich selbst erklärte, seinen Nachkommen überließ, bei günstigeren Zeitumständen ihre Rechte und Anforderungen geltend zu machen.

26) Die im (vormals Polnischen) Großherzogthume Litthauen belegenen Herrschaften Serrei (im Grodnoschen Distrikt der Woiwodschaft Trocki) und Tauroggen (im Herzogthum Schamaiten) 1687. Beide Herrschaften gehörten ehedem zu den Fürstlich Radzivilschen Gütern. Diese kamen nach des Fürsten Bogislav von Radzivil, Statthalters von Preußen, Tode im Jahr 1669 an dessen einzige Tochter, Ludovika Carolina, welche der Markgraf von Brandenburg, Ludwig, ein Sohn des Churfürsten Friedrich Wilhelms des Großen, 1681 geheirathet hatte, dem sie diese beiden Herrschaften nach einem besondern Donations-Instrument d. d. Berlin den 7ten Januar 1687 erb- und eigenthümlich schenkte. Nach dem Tode des Markgrafen Ludwig, welcher keine Kinder hinterließ, fielen sie daher an das Churhaus, blieben jedoch unter Polnischer Landeshoheit bis auf die neueste gänzliche Auflösung und Theilung von Polen, mit welcher denn auch jene Landeshoheit ihr Ende erreichte.

27) Die Stadt und das Amt Burg 1687, von dem Herzoge von Sachsen-Weißenfels, Johann

hann Adolph, vermöge Vertrages und der Kaufsumme von 34000 Reichsthalern.

Churfürst Friedrich III., unter den Königen von Preußen Friedrich I., der Sohn Friedrich Wilhelms, regierte von 1688 bis 1713, und unter ihm erlangte das Churhaus Brandenburg:

28) Die Erbvogtei über das Stift Quedlinburg, nebst dem Anspruch auf die Aemter Lauenburg, Sevekenberg und Gersdorf, wie auch das (in der Folge der Zeit der Stadt Nordhausen wieder verkaufte) Reichs-Schultheißen-Amt zu Nordhausen 1697, durch einen Kaufvertrag von August dem Zweiten, Könige von Polen, als Churfürsten von Sachsen, für die Summe von 300000 Reichsthalern in ⅔ Stücken.

29) Das Amt Hohenpetersberg, ehemals Lauternberg, ebenfalls vom Churhause Sachsen für die Summe von 40000 Rthlrn.

30) Die Königliche Würde und Krone von Preußen den 18ten Januar 1701. Sie hatte vielleicht mehr Einfluß auf das nachmalige so schnelle Emporkommen des Preußisch-Brandenburgischen Hauses und Staats, als der Zuwachs von einer ansehnlichen Provinz. Diese Krone war für alle, die sie trugen, ein mächtiger Sporn zu großen königlichen Thaten, — eine laute Aufforderung, die neu errungene Königswürde nun auch unter den übrigen Kaisern und Köni-

gen

gen Europens im vollsten Maße zu verdienen und geltend zu machen.

31) Die Grafschaft Lingen in Westphalen 1702. König Friedrich I. erbte sie von dem am 18ten März 1702 verstorbenen König Wilhelm dem Dritten von England, Prinzen von Oranien und Nassau, Statthalter der vereinigten Niederlande, als nächster Erbe.

32) Die Grafschaft Meurs in Westphalen, welche Kaiser Joseph I. am 1sten November 1707 zum Fürstenthum erhob, ebenfalls 1702. König Friedrich I. nahm davon Besitz, so wohl als Erbe des Hauses Oranien, als auch als oberster Lehnsherr des Herzogthums Cleve.

33) Die Grafschaft Tecklenburg in Westphalen 1707, durch Kauf von dem Grafen Moritz Wilhelm von Solms-Braunfels für 250000 Reichsthaler.

34) Die Fürstenthümer Neuenburg oder Neufchatel und Vallangin in der Schweiz an der Französischen Gränze 1707. Schon Wilhelm III., König von Großbritannien, hatte 1694 alle seine Rechte an diese Fürstenthümer Friedrichen abgetreten; und wenn auch gleich nach dem Tode der letzten Besitzerinn derselben Maria, Herzoginn von Nemours, im Jahr 1707 sich mehrere Prätendenten dazu meldeten; so thaten die Stände doch den Ausspruch für Friedrich I., der auch sogleich von beiden Fürstenthümern Besitz nahm, und alle Rechte und Freiheiten der Einwohner, so wie auch die mit den be-

nachbarten Eidgenossischen Cantons gemachten Bündnisse und Verträge bestätigte.

Unter der Regierung des Königs Friedrich Wilhelm I. von 1713 bis 1740 kamen zur Preußischen Monarchie:

35) Ein Theil des Oberquartiers von Geldern nebst der anliegenden Landschaft von Kessel und dem Amte Kriechenberg 1713, durch den Utrechter Staatsvertrag mit König Ludwig XIV. von Frankreich, als eine Entschädigung für das Fürstenthum Orange und andere in der Grafschaft Burgund gelegene Güter von der Oranischen Erbschaft; eine Abtretung, die sowahl von Philipp V., König von Spanien, besonders garantirt, als auch von dem Kaiser Carl VI. theils in einem besondern Vertrage mit dem König Friedrich Wilhelm I. vom 12ten Mai 1713, theils in dem Rastadt-Baadenschen Friedensschlusse von 1714 ausdrücklich bestätiget ward.

36) Die Grafschaft Limburg und Speckfeld, in so fern sie Lehn war, 1713, nach dem Absterben des Grafen Vollrath von Limburg ohne männliche Erben und Erlöschung des Mannsstammes, vermöge der vom Kaiser im Jahr 1694 erhaltenen Anwartschaft. Diese Grafschaft ward aber in der Folge von dem König Friedrich II. an das Haus Anspach überlassen.

37) Das Herzogthum Stettin oder der zwischen der Oder und dem Peene-Strom gelegene Theil von Vor-Pommern nebst den

In-

Inseln Wollin und Usedom 1720, nach dem Inhalt des Stockholmer Friedens mit der Krone Schweden vom 21sten Januar 1720, theils als Eroberung, theils durch Kauf, indem König Friedrich Wilhelm I. zur Entschädigung für diese Abtretung an Schweden die Summe von 2 Millionen Reichsthalern zahlte.

König Friedrich II. — der Große — der Einzige, der Sohn Friedrich Wilhelms, regierte von 1740 bis 1786, und erwarb der Preußischen Monarchie folgende Provinzen:

38) Das Herzogthum (Nieder- und Ober-) Schlesien, nebst dem vorhin zu Mähren gehörig gewesenen Distrikte von Katscher und die Grafschaft Glatz mit völliger Souveränität und Unabhängigkeit von der Krone Böhmen, jedoch mit Ausnahme 1. des Fürstenthums Teschen, sammt den demselben einverleibten Herrschaften; 2. des jenseits der Oppa gelegenen Antheils der Fürstenthümer Troppau und Jägerndorf; 3. des nach Mähren zu belegenen Stückes vom Fürstenthum Neiße, und 4. des von Oberschlesien eingeschlossenen aber zu Mähren gehörigen Distrikts, in welchem die Herrschaft Hennersdorf gelegen ist, nach dem Inhalt des Breslauer Präliminär- und des Berliner Definitiv-Friedens vom 11ten Junius und 28ten Julius 1742, durch welchen Friedrich II. überdies auch noch die gänzliche Befreiung aller in den älteren Zeiten von der Krone Böhmen an das Haus Branden-

 burg

burg gekommenen Lande von der Lehnsverbindung gegen diese Krone erhielt. — König Friedrich II. erneuerte nach dem Absterben Kaiser Carl des VI. bei dessen Tochter und Erbinn, der Kaiserinn Maria Theresia, die wohlgegründeten Forderungen seines Hauses auf die schon oben gedachten Schlesischen Fürstenthümer Liegnitz, Brieg, Wohlau und Jägerndorf, und suchte erst durch großmüthige Anträge, durch freundschaftliche Vorstellungen, Unterhandlungen und andere gütliche Mittel und Wege die endliche Befriedigung seiner Anforderungen von dem Oestreichischen Hause zu erhalten. Da man indeß Oestreichischer Seits, aus Unbekanntschaft mit der innern Kraft und Stärke des Preußischen Staats, alle seine großmüthigen Anträge mit stolzer Verachtung zurückwies; so machte er nun seine Rechte und Ansprüche mit den Waffen in der Hand geltend, eroberte und besetzte ganz Schlesien, siegte über die Oestreicher bei Mollwitz und Czaslau, und die Frucht jener Siege war die Abtretung von Schlesien nebst Zubehör nach den oben bestimmten Gränzen.

39) Das Fürstenthum Ostfriesland in Westphalen 1744, nach Absterben des Fürsten Carl Edzard von Ostfriesland ohne Erben und bei Erlöschung des Mannsstammes seines ganzen Hauses, vermöge der vom Kaiser Leopold dem Hause Brandenburg ertheilten Anwartschaft von 1694, welche die Kaiser Joseph

seph I. 1706 und Carl VI. 1715. bestätiget hatten.

40) Pomerellen, die Stadt Danzig ausgenommen, Polnisch Preußen oder das eigentliche West-Preußen, mit Ausschluß der Stadt Thorn, und einige Stücke von den vier Woiwodschaften Posen, Gnesen, Inowroßlaw und Brzesc in Groß-Polen, unter dem Namen des Netzdistrikts 1773, nach dem zwischen dem König von Preußen und der Republik Polen abgeschlossenen Traktat vom 18ten Sept. 1773. König Friedrich II. hielt sich als Churfürst von Brandenburg und Herzog von Pommern berechtigt, die Ansprüche, welche seine Vorfahren, die Herzoge von Pommern, von je her an Pomerellen gehabt, unter den damaligen, besonders günstigen, Conjunkturen geltend zu machen. Er gründete also seine Anforderung an das Herzogthum Pomerellen auf das Recht der Erbfolge und auf das Recht der Oberlehns-Herrschaft, und das eigentliche West-Preußen und den Netzdistrikt (von welchem letzteren ohnehin das Stück, welches zwischen den Flüssen Netze, Drage und Küdow liegt, schon im 14ten und 15ten Jahrhundert zu der Neumark, und also den Markgrafen von Brandenburg gehört hatte) nahm er noch dazu, wegen des seinen Vorfahren so lange entzogenen Besitzes der Provinz Pomerellen, und wegen anderer, bisher nicht geltend gemachten Ansprüche. (S. die damals im Druck er-

 schie-

schienene Ausführung der Rechte Sr. Königl. Majestät von Preußen auf das Herzogthum Pomerellen). Eben so erhielt der König auch noch durch den Warschauer Vertrag von 1773 die Aufhebung alles Rückfalls von Preußen, Lauenburg, Bütow und Draheim an die Krone Polen.

41) Der unter Magdeburgischer und Chur-Brandenburgischer Hoheit stehende Antheil (etwa $\frac{2}{5}$ des Ganzen) der Grafschaft Mannsfeld 1779, nach Abgang des Manns-Stammes der Grafen von Mannsfeld.

Groß war der Zuwachs an Land und Leuten, den die Preußische Monarchie unter Friedrich II. erhielt; größer noch der, den ihr unser gegenwärtiger gütiger Monarch seit 1786 verschaffte. Er vereinigte mit derselben:

42) Die Brandenburgischen Lande im Fränkischen Kreise, nämlich die beiden Fürstenthümer Anspach oder Onolzbach, und Baireuth oder Culmbach und einige kleine dazu gehörige Besitzungen, namentlich einen Theil der Grafschaft Limburg, die im Limburgischen liegende Herrschaft Hausen und die Grafschaft Sayn-Altenkirchen in Westphalen, welche letztere aber, wie oben schon bemerkt worden, nach dem Absterben des jetzt in England lebenden letzten Markgrafen von Anspach an Churhannover zurückfällt. Diese Fränkischen Fürstenthümer waren in ältern Zeiten theils unter sich, theils auch mit dem Churhause schon vereinigt

einigt gewesen, wurden aber hernach von demselben getrennt und von der Fränkischen Linie des Markgräflichen Hauses Brandenburg beherrscht. Der letzt regierende Markgraf aus dieser Linie war Christian Friedrich Carl Alexander. Er regierte seit 1769, — war und blieb kinderlos, und überließ seine Lande noch bei seinen Lebzeiten 1792 dem Churhause. So geschahe die Wiedervereinigung dieser Länder mit der Primogenitur, deren Rechtmäßigkeit das Haus Oestreich auch schon im Teschner Frieden vom 13ten Mai 1779 förmlich anerkannt, und sich dabei verpflichtet hatte, niemals und auf keine Art derselben entgegen zu seyn.

43) Süd-Preußen nebst den Städten Danzig und Thorn und deren Gebieten nach dem doppelten Theilungs-Traktate und Gränzzuge in den Jahren 1793 u. 1795. Schon im Jahr 1793 nahm König Friedrich Wilhelm II. außer den Städten Danzig und Thorn auch den bei weitem größten Theil von Groß-Polen, und einen kleinen Distrikt der Woiwodschaft Krakau in Besitz, und zwar namentlich: die ehemaligen Polnischen Woiwodschaften Posen, Gnesen, Kalisch, Sieradien, die Stadt und das Kloster Czenstochowa, das Land Wielun, die Woiwodschaft Lentschitz, die Landschaft Kujavien (begreift die Woiwodschaften Jnowrotzlaw und Brzesc), das Land Dobrzyn, ein klein Stück von Masuren und die Woiwodschaften Rawa und Plotzk,

 diese

diese beiden letzteren jedoch nicht ganz, sondern nur nach Maßgabe des damaligen Gränzzuges, und nannte dies neu acquirirte ansehnliche Land Süd-Preußen. Durch den zwischen dem Könige und den beiden benachbarten großen Kaiserhöfen im Jahr 1795 abgeschlossenen Theilungs-Traktat ward Süd-Preußen nun noch vergrößert mit der kleinern Hälfte von der Woiwodschaft Krakau, — dem Ueberreste der Woiwodschaften Rawa und Plotzk, ferner mit fast ganz Masuren (bis auf einen kleinen südöstlich gelegenen Distrikt von etwa 56 □ M., der an Oestreich fiel) — dem größten Theil der Woiwodschaft Podlachien oder Bielsk, einem großen Theil der Litthauischen Woiwodschaft Trocki, und endlich einem kleinen, zwischen dem bisherigen Preußischen Litthauen und dem Niemen-Fluß eingeschlossenen Distrikt des Herzogthums Schamaiten. Diese 1795 von dem ehemaligen Polen gemachten neuesten Preußischen Acquisitionen liegen, wie es in dem, bis jetzt noch ungedruckten, Theilungs-Traktate heißt, innerhalb einer Gränzlinie, die anfängt von dem Punkte, wo der Fluß Sola (aus Gallizien kommend) zwischen Gorzow und Gromice im Palatinate Krakau in die Weichsel fällt, — von da in diagonaler Richtung über Krzeszowice und dann neben den Städten Skala und Michnow, und sie rechts lassend, auf Czarnowice an der Pilica fortläuft, — dieser folgt bis zu ihrem Einfall in die Weichsel, — mit letzterm Strom her-

herunter geht bis an die Stadt Swydry, am Flusse gleiches Namens, — sodann rechts ab in gerader Linie (einige Meilen hinter Warschau) sich zum Vereinigungs-Punkte zwischen dem Bug und Narew (bei Sierock) wendet, — mit dem Bug östlich durch die Palatinate Masovien und Podlachien bis an das Palatinat Brzesc (wo die Stad Niemirow liegt, und die Acquisitionen aller drei theilenden großen Mächte zusammengränzen) fortläuft, und von hier in möglichst gerader Linie an der westlichen Gränze der Palatinate Brzesc und Nowogrodeck auf den Niemen, der Stadt Grodno gegenüber, zugeht, und endlich den Niemen verfolgt, bis zu seinem Einfluß in Ost-Preußen. —

Anmerkung. Wer diese kurze historische Nachweisung des allmählichen Anwachses der Preußischen Monarchie umständlicher erläutert finden will, der mag darüber folgende theils größere und kleinere Geschichts-Werke, theils einzelne historische Abhandlungen zu seiner Belehrung vergleichen:

1. Pauli's allgemeine Preußische und Brandenburgische Geschichte bis auf gegenwärtige Zeiten. 8 Bände. gr. 4. Halle, 1760—1769.
2. Pauli's Einleitung zu einer erwiesenen Staatsgeschichte der dem Königl. Preußischen Scepter unterworfenen Staaten u. s. w. 4. Halle, 1751.
3. Buchholz's Versuch einer Geschichte der Churmark Brandenburg. 6 Bände. gr. 4. Berlin, 1765—1774.
4. Bakmann's Geschichte der Churmark Brandenburg. 8. Brandenburg, 1788.

5. Gallus, Handbuch der Brandenburgischen Geschichte u. s. w. (bis jetzt 3 Theile).
6. Mörschel's Geschichte der Mark Brandenburg u. s. w. 8. (bis jetzt 2 Theile).
7. Hartung's Brandenburgische Geschichte. 8. (bis jetzt 2 Theile).
8. Uebersicht aller Länder der Preußischen Monarchie, wie selbige unter dem Hause Zollern von 1417—1780 sind vereiniget worden, und also der heutige Königlich-Preußische Staat entstanden ist, in Hausens Staats-Materialien. B. 1. St. 1. S. 44. f. f. —

In Betreff der Acquisitionen von dem ehemaligen Herzogthum Preußen, so wie von den im Westph Frieden erworbenen Provinzen, imgleichen auch von Schlesien siehe

9. Dohm's treffliche Schrift über den Deutschen Fürstenbund. Berlin, 1785. S. 65 f. f.

In Beziehung auf die Acquisition von den in dem vormals Polnischen Litthauen belegenen Herrschaften, Serrey nnd Tauroggen vergleiche man:

10. Fabri's neues geographisches Magazin. B. 3. St. 1. S. 1—51, so wie auch Bocks Versuch einer wirthschaftlichen Naturgeschichte von dem Königreich Ost- und West-Preußen B. 1. S. 28 f. f. und Leonhardi's Erdbeschreibung der Preußischen Monarchie B. 1. S. 126. f. f.

Die Besitznehmung von den Fränkischen Fürstenthümern und Süd-Preußen betreffend, siehe:

11. Briefe eines Weltbürgers über die Regierungsveränderung in den Fürstenthümern Anspach und Baireuth. Erlangen, bei Palm. Und
12. Das Politische Journal von dem Etatsrath Hrn. v. Schirach, in den Jahrgängen 1792, 1793 und 1796.

Endlich gehören noch vor andern hieher:

13. Die sämmtlichen historischen Schriften Friedrichs des Großen, sonderlich seine Denkwürdigkeiten der Brandenburgischen Geschichte.

III.

Allgemeinere Hülfsmittel zur Geographie und Statistik der Preußischen Staaten.

Unter allgemeineren Hülfsmitteln verstehe ich Karten und Bücher, die entweder den ganzen Preußischen Staat nach dem Umfange, den er zur Zeit ihrer Erscheinung hatte, oder doch einen großen Theil desselben umfassen, und mehr oder minder umständlich beschreiben und darstellen. Dergleichen sind:

A. An Karten:

1) General-Karte über die sämmtlichen Königlich-Preußischen Staaten, nach astronomischen Beobachtungen und den vorzüglichsten Special-Karten entworfen von F. L. Güssefeld, gestochen von Joh. Georg Klinger in Nürnberg. Dessau, bei Angely Grimaldi, 1794. (Preis 1 Rthlr.)

2) Atlas von den Königlich-Preußischen Staaten, in 21 Blättern, entworfen von D. F. Sotzmann und gestochen von Gürsch dem jüngern. Hamburg,

burg, bei Bohn, 1793. (Preis ein halber Louis-d'or).

Dieser Atlas enthält: 1. Das Titelblat. 2. General-Karte von sämmtlichen Preußischen Staaten. 3. Cleve, Geldern, Meurs und Mark (No. I.) — 4. Minden, Ravensberg, Lingen, Tecklenburg und Ostfriesland (No. II.) — 5. Magdeburg nebst der Grafschaft Mansfeld (No. III.) — 6. Halberstadt nebst den Grafschaften Wernigerode, Hohnstein und der Abtei Quedlinburg (No. IV.) — 7. Die Altmark mit ihren 6 Kreisen (No. V.) — 8. Die Prignitz mit ihren 8 Kreisen (No. VI.) — 9. Die Mittelmark mit ihren 10 Kreisen (No. VII.) — 10. Die Uckermark mit ihren 2 Kreisen (No. VIII.) — 11. Die Neumark mit ihren 11 Kreisen, nördl. Theil (No. IX. A.) — 12. Desgleichen den südlichen Theil derselben (No. IX. B.) — 13. Vor-Pommern mit seinen 5 Kreisen (No. X.) — 14. Hinter-Pommern mit seinen 24 (muß heißen: 19) Kreisen (No. XI) — 15. Ost-Preußen (No. XII.) — 16. West-Preußen und den Netzdistrikt (No. XIII.) — 17. Niederschlesien mit seinen 31 Kreisen (No. XIV.) — 18. Oberschlesien nebst der Grafschaft Glatz (No XV.) — 19. Anspach u. Baireuth (XVI.) — 20. Neufchatel und Vallangin (No. XVII.) — 21. Süd-Preußen. —

Anmerk. 1. Daß die Römischen Zahlen und Nummern der Blätter nur bis No. XVII. gehen, kommt daher, weil das Titelblatt und die General-Karte,

so

so wie das später hinzugefügte Blatt von Süd-Preußen gar keine, die beiden Karten von der Neumark aber nur Eine Nummer (nämlich No. IX. A u. B.) haben — mithin zusammen 4 Nummern fehlen, so wie die unrichtige Angabe von den 24 Hinter-Pommerschen Kreisen wahrscheinlich daher entstanden ist, weil Vor- und Hinter-Pommern zusammen 24 Kreise in sich fassen.

Anmerk. 2. Zum nützlichen Gebrauch dieses vortrefflichen Atlasses, ja selbst auch zu mancherlei kleinen Berichtigungen in demselben dient als ein besonders brauchbares Hülfsmittel: das Repertorium zu des Herrn Geh. Kr. Secr. Sotzmanns Atlas von den Königlich-Preußischen Staaten in geographischer und alphabetischer Ordnung, von Adam Christian Gaspari. Hamburg, bei Bohn, 1794.

Da indeß so wohl der Sotzmannische Atlas, als auch die Karte No. 1. Süd-Preußen nur nach dem Gränzzuge von 1793 darstellen konnten; so muß man zur Uebersicht der durch den Theilungstraktat von 1795 der Preußischen Monarchie zugefallenen neuesten wichtigen Acquisitionen, und der Vollständigkeit wegen noch vergleichen:

3) Gränz-Karte der Preußischen, Russischen und Oestreichischen Monarchien, in XVI Blättern, entworfen von D. Fr. Sotzmann 1796. Berlin, in der Königl. akademischen Kunst- und Buchhandlung. Es ist dies die schon im Jahr 1793 in eben dem Verlage erschienene Sotzmannische Karte von Polen, aber verbessert und nach dem letzteren Theilungstraktate und den durchaus richtigen Gränzen umge-

umgeändert und eingerichtet. Sie ist 3 Fuß 9 Zoll breit und 3 Fuß hoch, und bildet nicht nur das ehemalige Polen, wie es vor dem Jahr 1772 war, mit allen angränzenden Provinzen ab, sondern sie zeigt auch durch eine neue historisch angelegte Illumination sehr genau die Distrikte und Provinzen an, welche von Polen seit 1772 an Preußen, Rußland und Oestreich gekommen sind. Das vollständige Exemplar kostet 4 Rthlr., und auf Leinwand gezogen, so wohl zum Aufrollen, als zum Zusammenlegen, in Form eines Buchs in gr. 8. das Exemplar 1 Friedrichsd'or.

Wem indeß diese treffliche Karte zu theuer seyn sollte, der mag folgende 2 wohlfeilere kaufen:

4) Polen nach seinen jetzigen Gränzen, dem Theilungs-Traktat vom Jahr 1795 gemäß entworfen und herausgegeben zu Nürnberg, im Verlag der Schneider- und Weigelschen Kunst- und Buchhandlung, 1796. Das Blatt ist 2½ Fuß breit und 21 Zoll hoch, sehr gut, vollständig und brauchbar, und kostet 16 Gr.

5) Karte des Königreichs Polen nach den bewährtesten Hülfsmitteln und dem Theilungs-Traktat vom Jahr 1795, entworfen von F. L. Güssefeld. Weimar, im Verlag des Industrie-Comtoirs, 1796. Diese Karte ist eigentlich schon 1793 erschienen; sie ist aber mittelst Veränderung der Jahrszahlen und einer neuen Illumination dem letzteren Theilungs-Traktat von 1795 gemäß umgeändert und eingerichtet worden. Sie ist ebenfalls gut und brauchbar, aber doch bei weitem nicht so voll-

vollständig wie die No. 4. und kostet 10 Groschen. —

B. An Büchern:

Büschings Erdbeschreibung, 11 Theile, neueste Aufl. von 1787—1792. Büschings Auszug aus seiner Erdbeschreibung, 6te Aufl. 1785. — Erdbeschreibung der Preußischen Monarchie, herausgegeben von F. G. Leonhardi. Halle, bei Hemmerde und Schwetschke. Erster Band 1791. — Zweiter Band 1792. — Des dritten Bandes erste Abtheilung 1793. — Desselben zweite Abtheilung 1794. In diesen drei Bänden, die bis jetzt erschienen, werden folgende Provinzen sehr umständlich abgehandelt: Einleitung. — Das Königreich Ost- u. West-Preußen nebst dem Netzdistrikt. — Schlesien und Glatz. — Neufchatel und Vallangin. — Geldern. — Die Chur- und Neumark Brandenburg und das Herzogthum Pommern. — Küsters kleine Preußische Länderkenntniß, mit einer Situationskarte aller Brandenburgischen Länder. Magdeburg und Dessau, 2 Theile. — Kurzer Entwurf einer Statistik der Preußischen Staaten, von Fr. Christ. von Bachmann. Halle, bei Hendel, 1790. — Grundzüge der Preußischen Statistik. Zum Schulgebrauch, von G. Vieweg. Halberstadt, 1792. — Drei Tabellen über den Preußischen Staat, welche das Wissenswürdigste aus der Statistik, der Geographie, der Geschichte, der Münz-, Maß- und Gewichts-Kunde u. s. f. enthalten, von Böttcher.

Kö-

Königsberg und Leipzig, bei Hartung, 1790. — Topographisch - statistisch - geographisches Wörterbuch der sämmtlichen Preußischen Staaten, oder Beschreibung aller Provinzen, Kreise, Distrikte, Städte, Aemter, Flecken, Dörfer Vorwerke, Flüsse, Seen, Berge u. s. w. in den Preußischen Staaten. Erster Theil. gr. 8. Halle 1796. — Essai satistique par le B. d. Korf, Berlin 1791. — Almanac pour la Connoissance des États Prussiens à l' usage des Voyageurs et des habitans du Pays, publié en 1795, avec l'agrément de l' Académie Royale des sciences de Berlin. Eben dasselbe Werk Deutsch, unter dem Titel: Almanach zur Kenntniß der Preußischen Staaten, für Reisende und Einheimische. Herausgegeben 1795, mit Genehmhaltung der Königlichen Akademie der Wissenschaften zu Berlin. — Geographisches und historisches Handbuch der Länder-, Völker- und Staatenkunde von G. P. H. Normann. Ersten Bandes dritte Abtheilung. Hamburg, bei Hoffmann, 1786. (Enthält eine treffliche Beschreibung aller Preußisch - Brandenburgischen Staaten in Deutschland, mit Einschluß von Schlesien und der Anspach - Baireuthschen Lande). — Fabri's Geographie für alle Stände. Ersten Theils zweiter Band 1790. — desgleichen dritter Band 1791. Leipzig, bei Schwickert. (Enthalten eine sehr umständliche und instruktive Beschreibung der Fränkischen Lande und der Chur- und Neumark Brandenburg. — Die sämmtlichen, sonderlich historischen Werke Friedrich drichs II. — Die sämmtlichen historisch-statistischen Schriften des Grafen von Hertzberg, sonderlich seine Akademischen Memoiren. — Historische und geographische Artikel, die Staaten des Hauses Brandenburg betreffend. Aus der neuen Parisischen Encyclopädie gezogen und ins Deutsche übersetzt von Aug. Rode. Berlin, b. Mylius 1787. — Mémoire sur les Produits du regne minéral de la Monarchie Prussienne et sur les Moyens de cultiver cette branche de l' Économie politique. à Berlin chez Decker MDCCLXXXVI. Eben dasselbe Werk Deutsch, unter dem Titel: Abhandlung über die Produkte des Mineralreichs in den Königlich-Preußischen Staaten und über die Mittel, diesen Zweig des Staats-Haushaltes immer mehr empor zu bringen. Berlin, bei Decker, 1786. (Diese treffliche Schrift hat den Staatsminister Freiherrn von Heinitz zum Verfasser). — Mirabeau's Werk über die Preußische Monarchie, nach Mauvillon und Schummel. — Zimmermann's Fragmente über Friedrich den Großen, ganz vorzüglich aber die „Freimüthigen Anmerkungen einiger Brandenburgischen Patrioten über dies Werk" herausgegeben von H. Nicolai in der Allgemeinen Deutschen Bibliothek, auch besonders abgedruckt in 2 Theilen. — Historische, politische, geographische, statistische und militärische Beiträge die Preußischen Staaten betreffend (von Fischbach) 3 Theile in 5 Bänden. Zuverlässige Beiträge zu der Regierungs-Geschichte Königs Friedrichs II. von Preußen u. s. w. Herausgegeben von Büsching. Hamburg bei Bohn, 1790. — Fr. Herzberg's Magazin für die Geographie und Statistik der Königlich-Preußischen Staaten. Erstes Stück. Berlin, bei Vieweg dem Aeltern 1791. (Wird, nach Hrn. Meusels Aufforderung im Reichsanzeiger, fortgesetzt werden). — Handbuch über den Königlich-Preußischen Hof und Staat für das Jahr 1796, nebst Anhang. Berlin, bei Decker. — Die neueste Stamm- und Rangliste der Königlich-Preußischen Armee für das Jahr 1796. Berlin, bei Himburg. — Die sämmtlichen geographisch-statistisch-historischen Werke und Journale von Büsching, Fabri (besonders dessen altes und neues geographisches Magazin), Randel, Hausen (besonders dessen Staats-Materialien), Crome, Schlözer u. s. w., in so fern sie den Preußischen Staat, oder einzelne Theile desselben betreffen. — Die sämmtlichen Adreß-Kalender von Berlin und den Provinzen u. s. w. u. s. w.

Anmerkung. Die geographisch-statistischen Karten, Werke und Journale, einzelne Provinzen betreffend, sollen bei einer jeden Provinz besonders aufgeführt werden.

IV.

Die Churmark Brandenburg.

Unter den Deutschen Staaten des Brandenburgischen Hauses verdient die Mark Brandenburg in mehr als einer Rücksicht den ersten Platz; besonders gilt dies von der Churmark, weil darauf die Churwürde haftet, und diese wollen wir daher zuerst näher kennen lernen.

Hülfsmittel.

A. An Karten:

a) Allgemeinere, die ganze Provinz umfassende:

Der nördliche Theil des Obersächsischen Kreises oder die Mark Brandenburg und das Herzogthum Pommern, aufs neue entworfen durch Güssefeld, bei den Homannischen Erben, 1780. — Karte von dem nördlichen Theil des Obersächsischen Kreises, welcher die Mark Brandenburg und das Herzogthum Pommern enthält, mit Genehmhaltung der Akademie der Wissenschaften entworfen von Sotzmann, 1795. — Sotzmanns Atlas von den Königlich Preussischen Staaten No. V, VI, VII und VIII.

 1793.

1793. — Die Güssefeldische Karte von der Mark Brandenburg, in der Homannischen Offizin, 1773. —

b) **Besondere, die einzelnen Marken und Provinzen darstellende:**

1. **Die Mittelmark.** Karte von der Mittelmark von Güssefeld, bei den Homannischen Erben, 1783. — Special-Karte von der Mittelmark nebst Tabelle, mit Genehmhaltung der Königlichen Akademie der Wissenschaften herausgegeben von Sotzmann, gestochen von Jäck, 1791, 2 große Colombierbogen. —
2. **Die Altmark.** General-Karte von der Altmark, von Sotzmann, 1788. — Karte von der Altmark, nach einer neuen astronomischen Beobachtung, den besten Karten und einer handschriftlichen Zeichnung neu entworfen von Güssefeld. Bei den Homannischen Erben, 1796. —
3. **Die Prignitz.** Special-Karte von der Prignitz, von Sotzmann, 1795. — Karte von der Prignitz, neu entworfen im Jahr 1795 von Güssefeld. Nürnberg, bei den Homannischen Erben.
4. **Die Uckermark.** Special Karte von der Uckermark, von Sotzmann, 1796. — Karte von der Uckermark, entworfen von Güssefeld. Bei den Homannischen Erben, 1792.

B. An

B. An Büchern:

a) Allgemeinere, die ganze Provinz betreffende:

Büsching's vollständige Topographie der Mark Brandenburg. Berlin, 1775. — Landbuch des Churfürstenthums und der Mark Brandenburg, welches Kaiser Carl IV. im Jahr 1375 anfertigen lassen, u. s. w. Herausgegeben und mit Anmerkungen erläutert (von dem verstorbenen Staatsminister, Herrn Grafen von Hertzberg). Berlin, bei Dekker, 1781. — Historische Beschreibung der Chur- und Mark Brandenburg, von Beckmann. Berlin, 1751 und 1753. 2 Bände. Statistisch-topographische Beschreibung der Churmark Brandenburg. Erster Theil (nebst einer trefflichen statistischen Karte von der ganzen Provinz), von Borgstede. Berlin, bei Unger, 1788. — Statistisch-topographische Städte-Beschreibung der Mark Brandenburg, von Fischbach. Erster Theil, gr. 4. Potsdam, bei Horvath, 1786. — Von Thile, Nachricht von der Churmärkischen Contributions- und Schoß-Einrichtung u. s. w. Neue und verbesserte Auflage. Halle und Leipzig, 1768. — Die vortrefflichen allgemeinen Betrachtungen über die Mark Brandenburg in Büschings Reise nach Rekahn. Zweite Auflage. S. 337 f. f. — Mehrere Abhandlungen in Büschings und Fischbachs schon vorher gedachten Beiträgen und Herzbergs

Ma-

Magazin, so wie überhaupt mehrere oben schon angeführte Werke. — Denkwürdigkeiten und Tagesgeschichte der Mark Brandenburg. Herausgegeben von Kosmann und Heinsius. Berlin, b. Belitz u. Braun, 1796. (Bis jetzt, im Anfange des Märzes, sind von dieser zweckmäßigen und viel versprechenden Monatsschrift 3 Stücke erschienen). —

b) Besondere, nach den einzelnen Marken:

1. Mittelmark. Büschings Beschreibung seiner Reise von Berlin nach Kyritz, in der Prignitz u. s. w. Leipzig, bei Breitkopf, 1780. (Enthält unter andern allgemeine Nachrichten und Beschreibungen von dem Nieder-Barnimschen, dem Glien- und Löwenbergischen, dem Havelländischen und Ruppinischen Kreise, — dem Holzhandel in den Preußischen Staaten, — dem Handel der Churmark überhaupt, — ferner Geschichte des Amts Königshorst u. s. w. — Büschings Beschreibung seiner Reise von Berlin über Potsdam nach Rekahn, unweit Brandenburg u. s. w. Mit Landkarten und andern Kupferstichen. Zweite stark vermehrte Ausgabe. Frankfurt und Leipzig, 1780, bei Haude und Spener. (Enthält unter andern sehr ausführliche Nachrichten von Berlin, Potsdam, Brandenburg, Rekahn und den dortigen musterhaften Land-

Landschulen des Domherrn von Rochow, — ferner von dem Teltowschen und dem Zauchischen Kreise, — von dem Seidenbau in der Mark Brandenburg, und endlich zum Schluß die schon oben angeführten höchst schätzbaren allgemeinen Betrachtungen über die Mark Brandenburg. — Nicolai's Beschreibung der Königlichen Residenz-Städte Berlin und Potsdam, aller daselbst befindlichen Merkwürdigkeiten, und der umliegenden Gegend. Dritte völlig umgearbeitete Auflage, mit genauen Grundrissen der Städte Berlin und Potsdam, einem Grundrisse des neuen Schlosses bei Sanssouci und einer neuen Karte der Gegend um Berlin. Berlin, bei Nicolai, 1786. 3 Bände. — Wegweiser für Fremde und Einheimische durch die Königlichen Residenz-Städte Berlin und Potsdam, und die umliegende Gegend, enthaltend eine kurze Nachricht von allen daselbst befindlichen Merkwürdigkeiten. In einem bis jetzt fortgesetzten Auszuge der großen Beschreibung von Berlin und Potsdam. Nebst einem Grundrisse der Stadt Berlin. Berlin, 1793, bei Fr. Nicolai. — Versuch einer historischen Schilderung der Hauptveränderungen der Religion, Sitten, Gewohnheiten, Künste und Wissenschaften u. s. w. der Residenz-Stadt Berlin, seit den ältesten Zeiten bis zum Jahr 1786. Berlin, bei Pauli, gr. 8., bis jetzt 4 Theile, und der 4te Theil besteht aus 2 Bänden. — Berlin, oder Darstellung der interessantesten Gegenstände dieser Residenz. Ein Handbuch für Fremde und Einheimische. Berlin, bei Oemigke, 2 Bände, 1793 und 1794. — Neuestes gelehrtes Berlin, oder literarische Nachrichten von jetztlebenden Berlinischen Schriftstellern und Schriftstellerinnen. Gesammlet und herausgegeben von Schmidt und Mehring. Zwei Theile. Berlin, bei Maurer 1795. — Des Königlichen Chef-Präsidenten, Herrn Thomas Philipp von der Hagen, Beschreibung der Stadt Freyenwalde, des dasigen Gesundbrunnens und Alaun-Werks. Mit vielen Kupfern. Berlin, 1784. In der Paulischen Buchhandlung. (Enthält gleich zu Anfange eine ausführliche Beschreibung des Oberbarnimschen Kreises). — Thomas Philipp von der Hagen, Beschreibung der Kalkbrüche bei Rüdersdorf, der Stadt Neustadt-Eberswalde und des Finow-Kanals, wie auch der dasigen Stahl- und Eisen-Fabrik, des Messingwerkes und Kupferhammers. Mit Kupfern und einer neuen und genauen Special-Karte des Oberbarnimschen Kreises und der angrenzenden Gegend, von Sotzmann. Berlin, 1785. In der Paulischen Buchhandlung. — Beschreibung der Stadt Teltow u. s. w. von Thomas

mas Philipp von der Hagen. Berlin, 1767. Bei Decker. (Mit einer vorangeschickten kurzen Uebersicht und Beschreibung des Teltowschen Kreises). — Praktische Beiträge zur fernern Ausbildung des Lehrbegriffs für die Unter-Finanz-Aemter und deren Inspections-Räthe. Erstes Stück, welches die ökonomisch-cameralistische Beschreibung der Mark Brandenburgischen Städte Teltow, Zossen und Trebbin enthält. Nebst einer Karte des Teltowschen Kreises. Frankfurt und Leipzig 1785. — Kleine ökonomische Reisen von dem Herrn von Beneckendorf. 2 Theile. Züllichau, 1785 und 1786, bei Frommann. (Besonders gehört hieher die letzte Hälfte des 2ten Theils, worin gute Nachrichten von dem Oberbarnimschen und Lebusischen Kreise, und sonderlich von dem Oderbruch vorkommen. Von diesem letzteren Kreise, so wie auch von dem Stork- und Beeskowschen und dem Lukkenwaldischen fehlen uns indessen noch so spezielle Nachrichten, wie wir sie schon über die übrigen 7 Kreise der Mittelmark besitzen.

2. Die Altmark. Naturgeschichte der Altmark, von Lüdecke. Berlin, 1774. — Lüdeckens Altmärkisches ökonomisch-physikalisches Magazin. Berlin, 1774. 3 Stücke. — Vergleichung der Pommerschen und Neumärkischen Wirthschafts-Arten mit der Altmärkischen, in dem Pommerschen und Neu-

märkschen Wirth des Hrn. von Beneckendorf. B. 1. S. 499—690.

3. Die Prignitz. Siehe die allgemeinen Nachrichten von dieser Provinz in Büschings Reise nach Kyritz. S. 309 f. f. — Hindenberg's vermischte Anmerkungen über die Prignitz. — Ebendesselben gesammelte Nachrichten vom Stift heil. Grabe. — Diese Abhandlungen finden sich in Bernoulli's Sammlung kurzer Reisebeschreibungen u. s. w. Band III. S. 121—134. Band VI. S. 415 f. f. und Band VII. S. 321 f. f.

4. Die Uckermark. Siehe die Topographisch-statistischen Nachrichten von den Uckermärkischen Städten Schwedt, Vierraden, Angermünde, Joachimsthal, Greiffenberg, Brüssow, Zehdenick, Templin, Lychen, Strasburg und Prenzlau, in Fabri's neuem geographischen Magazin Band III. S. 79 f. f. u. S. 386 f. f. — Seit dem Anfange des Jahrs 1796 ist auch eine Wochenschrift unter dem Titel: „Uckermärkische Provinzial-Blätter" erschienen, die aber, nach den ersten Stücken zu urtheilen, wenig Ausbeute für die Geographie und Statistik dieser Provinz verspriche.

Lage, Gränzen und Größe. Die Churmark gränzet gegen Morgen an die Neumark, gegen Mitternacht an Pommern und Mecklenburg, gegen Abend

Abend an das Magdeburgische, Lüneburgische und Braunschweig-Wolfenbüttelsche, so wie auch an den Weferlingschen Kreis des Fürstenthums Halberstadt, gegen Mittag an Chursachsen und die Niederlausitz, und ist 447½ Quadrat-Meilen groß.

Natürliche Beschaffenheit. Das Land ist größtentheils ganz eben, und außer dem Dolchauschen Berg in der Mitte der Altmark, und dem Miggelberg bei Köpenick giebts nur noch bei Potsdam, Brandenburg, Rhinow, Freienwalde, Frankfurt a. d. Oder u. e. a. O. beträchtliche Anhöhen. Hauptflüsse sind: die Oder, welche die Gränze zwischen der Chur- und Neumark hält, und die Elbe, welche bei Werben die Havel, so wie diese bei Spandau die Spree aufnimmt. Die Oder ist mit der Spree durch den Friedrich Wilhelms-Graben, und mit der Havel durch den Finow-Kanal, so wie die Havel mit der Elbe durch den Plauenschen Kanal näher vereiniget. Außerdem sind noch mehrere kleine Flüsse (z. B. die Dosse, der Rhin, u. m. a.), Kanäle (z. B. der große Haupt-Kanal, der das Wasser des Havellandes abführt und sich von Nieder-Neuendorf eine Meile von Spandau in gerader Linie, etwa 10. Meile lang bis nach Hohen-Nauen erstreckt, ferner der Templiner Kanal in der Uckermark, der aus dem Lebautschen See kommt, etwa 4¾ Meilen lang ist, und sich in der Havel endet, und endlich der neue Kanal, der die Havel mit dem Ruppinschen See in Verbindung setzt), und viele große und kleine fischreiche Landseen, vorzüglich in der Mittel- und Uckermark, vor-

vorhanden, welche letzteren, mittelst ihrer Verbindung mit den Flüssen, Handel und Flösserei nicht wenig befördern. — Das Klima ist milde, und die Ernte fängt schon in der letzten Hälfte des Julius an. Der Boden ist großentheils sandig, oder doch nur von mittlerer Güte, mit vielen Waldungen bedeckt, doch in mehreren Gegenden auch überaus fruchtbar. Die Churmark verdient also nicht wegen ihrer Unfruchtbarkeit so sehr verschrieen, noch viel weniger des Heiligen Römischen Reichs Streusandbüchse genannt zu werden, wie dies einige mehr als unkundige Schriftsteller und flüchtige Reisende gethan haben, die von den, freilich sandigen, Gegenden, in welchen die Haupt- und Residenzstädte der Provinz liegen, und durch welche einige Haupt-Landstraßen führen, einen falschen und unrichtigen Schluß auf das Ganze machten, und vergaßen, daß einige andere Gegenden Deutschlands, z. B. die Lüneburger Heide u. s. w., nicht weniger unfruchtbar sind, als manche Brandenburgische Distrikte, ohne deswegen so verschrieen zu seyn. —

Landesprodukte. Getreide aller Art, (vorzüglich reichlich in den fruchtbaren Gegenden der Altmark, besonders der dortigen Wische, in der Elbgegend der Prignitz, in dem Havellande, der Uckermark und dem Oderbruch), Hirse, Buchweizen, Flachs, Hopfen, die Färbekräuter Krapp, Waid und Scharde, vieler und guter Taback in der Uckermark, Kartoffeln in großer Menge, kleine Märkische Rüben, (unter welchen die Teltowschen die schmackhaftesten sind, und nach Hamburg, und von da sogar nach Cadix und Ost- und West-

Westindien verschickt werden), Obst, (besonders reichlich in der Prignitz), Gartengewächse, (vorzüglich schmackhaft bei Berlin), Wein, (der in ziemlicher Menge bei Potsdam, Werder, Brandenburg, Zossen, Frankfurt u. s. w. gewonnen, und theils in Trauben verspeiset, theils aber auch zur Zubereitung von Speisen, zu Weinessig, zuweilen auch wohl zur Verfälschung fremder Weinsorten gebraucht wird), Holz, (aus mancherlei Ursachen jetzt — zumahl seitdem in den letzten Jahren die Churmärkischen Forsten, deren gesammter Flächeninhalt 2,266,678 Morgen 158½ Quadratruthen beträgt, mithin fast den vierten Theil der ganzen Provinz einnimmt, durch Windbruch und Raupenfraß so schrecklich verwüstet worden, bei weitem nicht mehr so im Ueberfluß, als vormals, aber noch immer wichtig, wenn gleich für den Bedarf der Provinz kaum mehr hinreichend), Rindviehzucht, (vorzüglich wichtig und ausgebreitet in den Gegenden an der Elbe, Havel und auf den fetten Weiden im Oderbruch, und doch für den Bedarf des Landes eben so wenig zureichend, als die wenigen, in der letzten Zeit beträchtlich erweiterten, Stutereien), viele und schöne Wolle, (von vorzüglicher Güte im Beeskowschen, Teltowschen und Stolpirischen Kr.), Bienenzucht, (die Provinz hat etwa 50000 Bienenstöcke), Seide, (die Churmark liefert im Durchschnitt von diesem Artikel ungefähr eben so viel, als alle übrige Pr. Provinzen zusammen genommen), Fischerei u. s. w. — Aus dem Mineralreiche gehören noch hieher: die reichen Kalksteinbrüche bei Rüdersdorf, der

Gyps,

Gypsbruch bei Sperenberg, Amts Zossen, Sumpf- und Wiesen-Erz zur Eisenfabrikation, das Alaunwerk und der Gesundbrunnen bei Freienwalde, Torf in mehreren Gegenden, besonders bei Linum, Cremmen, Fehrbellin u. s. w. (wird zur Holzersparung jetzt schon gut genutzt), mancherlei nützliche Thonarten zu Töpferarbeiten und Fayance, Walkererde, und Lehm für die ungemein zahlreichen Ziegelbrennereien der Churmark, (an vielen Orten in großen und mächtigen Erdlagen, von vorzüglicher Güte aber bei Rathenow, im Amte Lehnin, u. s. w.). —

Manufakturen, Fabriken und Handel. Die Churmärkischen Manufakturen und Fabriken sind besonders seit der vor etwa 100 Jahren erfolgten Aufnahme der Französischen Flüchtlinge sehr empor gekommen, und durch die werkthätigste Unterstützung der letzten Brandenburgischen Regenten und einen Kostenaufwand von vielen Millionen bis zu einem hohen Grade von Vollkommenheit gediehen. Die wichtigsten unter denselben sind die Tuch- und Woll-Manufakturen. Außer dem großen Lagerhause und einigen andern großen Wollmanufakturen in Berlin, haben auch die meisten andern Städte mehr oder weniger Tuch- und Zeugmacher, die theils für eigene Rechnung, theils für das Lagerhaus arbeiten. Der Hauptsitz der ausgebreiteten Seiden- und Baumwollenmanufakturen ist in Berlin und Potsdam; doch giebts auch in Frankfurt und Köpenick Seidenfabriken; und in Brandenburg, Rathenow, Amalienhof, Zinna u. a. O. werden

den viele baumwollene Zeuge verfertiget. Die Leinwandmanufakturen sind verhältnißmäßig minder wichtig. Außer den Zeugmanufakturen sind noch zu merken: die Tabacksfabriken, (besonders in Berlin), mehrere große Zuckersiedereien, die Gold- und Silbermanufaktur und Porzellän-Fabrik in Berlin, die große Gewehrfabrik zu Spandau und Potsdam, die Eisen-Hüttenwerke zu Zehdenick und Gottow, die Spiegelfabrik und der hohe Ofen zu Neustadt an der Dosse, die Taschen- und Wand-Uhren-Fabrik zu Friedrichsthal bei Oranienburg, die Metallfabriken in Eisen, Stahl, Messing und Kupfer zu Neustadt-Eberswalde und Wrietzen an der Oder, mehrere gute Glashütten und Papier-Mühlen u. s. w. Der Handel wird durch die vielen schiffbaren Flüsse und Kanäle sehr erleichtert, und hauptsächlich nach Hamburg und Stettin getrieben, wohin man so wohl einheimische Waaren, (z. B. Holz, Manufaktur-Waaren u. s. w.) als auch Transito-Güter (z. B. Schlesische Leinwand) verschickt, und von woher man für die Churmark und die benachbarten Lande Wein, allerlei Specerei- und Material-Waaren, und andere Bedürfnisse bezieht. —

Volksmenge. Diese hat seit dem Regierungs-Antritt des höchstsel. Königs im Jahr 1740 — mehrerer blutigen Kriege ungeachtet — durch die natürliche Vermehrung, durch die Begünstigung aller Gewerbe, besonders aber durch die Ansetzung von vielen tausend fremden Kolonisten ungemein zugenommen. Im Jahr 1786 enthielt die ganze Churmark 84 Städte mit 33,387 Feuerstellen, und — das sämmtliche

Milli-

Militär mit eingeschlossen — 357,417 Einwohnern, und 2061 Dörfer mit 63,234 Feuerstellen und, mit Inbegriff des beurlaubten Militär's, 399,952 Einwohnern, zusammen also in den Städten und auf dem platten Lande 96,621 Feuerstellen und 757,369 Einwohner. Der Zuwachs der Bevölkerung seit 1786 kann hier, so wie überhaupt in den Preußischen Staaten, nicht bedeutend seyn, weil er durch den kaum geendigten dreijährigen Französisch-Polnischen Krieg, durch eine verhältnißmäßig größere Mortalität in den letzten Jahren, und durch Versetzung mehrerer tausend Personen vom Militär- und Civil-Stande nach Süd-Preußen u. s. w. merklich gestört und behindert worden ist. Inzwischen kann man vielleicht die gesammte Volksmenge der Churmark jetzt auf die runde Zahl von 775000 Seelen ansetzen.

Religion und Wissenschaften. Die meisten Einwohner sind der Evangelisch-Lutherischen Kirche zugethan; aber das Königl. und Churfürstl. Haus, so wie auch ein guter Theil der Einwohner, bekennet sich zur evangelisch-reformirten Kirche. Es sind auch Katholiken vorhanden, die, so wie alle andere Religionsparteien, hier und überall in den Preußischen Staaten eine ungekränkte Gewissensfreiheit genießen. — Zur Beförderung der Wissenschaften und Künste dienen vorzüglich: die Akademie der Wissenschaften, und die seit kurzem mit vielen erweiterten Vorrechten begünstigte Akademie der schönen Künste, so wie auch die Naturforschende Gesellschaft und das medicinisch-chirurgische Kollegium, sämmtlich in Berlin, die Universität und die 1767 gestiftete Gesellschaft

zum

zum Nutzen der Wissenschaften und Künste zu Frankfurt an der Oder, die 1791 gestiftete Chur-Märkische ökonomische Gesellschaft zu Potsdam, und die wichtigen und berühmten Gymnasien und Schulanstalten zu Berlin, Frankfurt, Brandenburg, Potsdam, Neu-Ruppin, Stendal, Prenzlow u. a. O., zu deren Vervollkommnung das Königl. Oberschulkollegium aufs thätigste mitwirket.

Eintheilung des Landes. Die Churmark bestehet aus folgenden 5 Provinzen:

A. Die Mittelmark, welche in 9 Kreise abgetheilt ist.

1) Der Nieder-Barnimische Kreis enthält mit Einschluß von ganz Berlin auf 28 Quadrat-Meilen in 5 Städten und 106 Dörfern 10864 Feuerstellen, und mit dem Militär 175,388 Einwohner. Man merke folgende immediate Städte: Berlin, die Hauptstadt der gesammten Königl. Preuß. und Churfürstl. Brandenburgischen Staaten, eine der größten, schönsten und regelmäßigsten Städte Europens, der Sitz des Königl. und Churfürstl. Hauses, und der hohen und höchsten Landeskollegien für die ganze Monarchie. Sie liegt der Länge nach auf beiden Seiten der Spree, und nur die auf der Nordseite dieses Flusses liegenden Theile der Stadt gehören eigentlich zum Niederbarnimischen Kreise; die Theile am südlichen Ufer der Spree aber liegen schon im Teltowschen Kreise. Sie bestehet aus 5 unter einem einzigen Magistrat verbundenen Städten, nämlich: dem eigentlichen Berlin — Cöln an der Spree — dem Friedrichswerder — der Do-

rotheen- oder Neu-Stadt — und der Friedrichsstadt und vielen Vorstädten. In einem Umfange von etwas mehr als 2 Deutschen Meilen hat sie 15 Thore (unter welchen das Brandenburger und einige andere Thore jetzt eben mit Königlicher Pracht neu aufgeführt sind), 268 größtentheils gerade, breite und helle Straßen und Plätze, (unter welchen die Friedrichsstraße wegen ihrer Länge, die Linden, die Leipzigerstraße und die nördliche Hälfte der Wilhelmsstraße wegen ihrer schönen Gebäude, und der Wilhelmsplatz wegen der vortrefflichen marmornen Statüen der berühmten Feldherrn Schwerin, Winterfeld, Seidlitz, Keith und Ziethen, vorzüglich zu merken sind), 36 Brücken, (und unter diesen viele schön verzierte steinerne, z. B. die lange Brücke, mit der metallenen Bildsäule, die den Churfürsten Friedrich Wilhelm den Großen zu Pferde sitzend vorstellt), 33 Kirchen, (die beiden im Invalidenhause mitgerechnet), 6644 Vorderhäuser, über 3300 Hinterhäuser, und 257 Häuser außerhalb der Mauern und Pallisaden, zusammen also, (ohne die Kirchen, das Königl. Schloß und alle öffentliche Gebäude), über 10000 Häuser, und über 150000 Einwohner *), mit Einschluß der überaus zahlreichen Gar-

*) Es waren in Berlin vorhanden:

A. An Häusern incl. der Königlichen und sonstigen öffentlichen Gebäude, selbst auch der 28 Stadt-Kirchen, jedoch excl. der Hinterhäuser, die billiger Weise zu den Vorderhäusern, zu welchen sie gehören, gerechnet werden, wenn sie gleich oft geräumiger und zahlreicher bewohnt sind, als diese:

Zu

Garnison, die jetzt aus 6 Infanterie- und 3 Artillerie-Regimentern, 11 Schwadronen Cürassiere und Husaren, dem Cadetten-, Invaliden- und Pontonier-Corps, nebst vielen andern zum Militär gehörigen Personen bestehet. Zu den merkwürdigsten Gebäuden und Anlagen gehören das Königl. Schloß, die Domkirche, das Zeughaus, (ein wahres Meisterstück der Baukunst), das Opernhaus, der Pallast des Prinzen Heinrich von Preußen, die neue Bibliothek,

Zu Ende des Jahrs.		Ganz massive Häuser.		Halb massive Häuser.		Summa aller H.
1786	—	3123	—	3528	—	6651.
1787	—	3165	—	3501	—	6666.
1788	—	3224	—	3458	—	6682.
1789	—	3249	—	3447	—	6696.
1790	—	3273	—	3452	—	6725.

Außerdem waren noch 111 Scheunen vorhanden. Im Jahr 1784 standen alle Häuser in Berlin, jedoch excl. der Kirchen und aller Königlichen und einiger andern öffentlichen Gebäude, welche bei der Feuersocietät nicht assecurirt sind, — versichert für die Summe von 19,003,500 Rthlrn.; zu Ende des Jahrs 1790 betrug aber das Assecurations Quantum von Berlin schon 20,440,650 Rthlr, und überstieg also jenes von 1784 mit 1,437,150 Rthlrn. —

B. An Einwohnern waren vorhanden:

In dem Jahr.		Vom Civil-Stande.		Vom Militär-Stande.		Summa aller Einwohner.
1786	—	113766	—	33572	—	147338.
1787	—	114606	—	31561	—	146167.
1788	—	117124	—	32150	—	149274.
1789	—	119717	—	30158	—	149875.
1790	—	121873	—	28930	—	150803.
1791	—	124730	—	30481	—	155211.

die katholische Kirche, die beiden neuen Dome auf dem Gensd'armes-Markt, die Garnison-Kirche, das Cadetten- und Invalidenhaus, der Königl. Garten Monbijou, die Königsbrücke, die Spittelbrücke und viele andere prachtvolle öffentliche und Privatgebäude. Die Stadt treibt einen ansehnlichen Handel, hat eine Königl. Bank und eine Assecuranz-Compagnie, sehr ausgebreitete Manufakturen und Fabriken in Wolle, Seide, Baumwolle, Leder, Taback, Zukker, Porzellän und vielen andern Artikeln, (welche zusammen jährlich für mehr als 8 Millionen Rthlr. Waaren liefern), eine Akademie der Wissenschaften, so wie eine Akademie der Maler-, Bildhauer- und Bau-Kunst, viele vortreffliche Schul- und andere gelehrte Anstalten, und eine Menge der größten und berühmtesten Gelehrten und Künstler in jedem Fache. Auf der Abendseite der Stadt liegt der Königl. Thiergarten, ein Lustwald, der fast bis an Charlottenburg reicht, und mit den herrlichsten Spaziergängen und Alleen geziert ist. — Die kleinen immediaten Städte Bernau, (hat einige Manufakturen), Oranienburg an der Havel mit einem Königl. Schloß und Garten, und Liebenwalde an der Havel mit dem benachbarten Königl. Landgestüte Bischoffwerder. — Folgende Königl. Aemter: das A. Mühlenhof zu Berlin mit den (im Teltowschen Kreise belegenen) Dörfern Schöneberg, Wilmersdorf u. s. w.; das A. Schönhausen, worin das Dorf Nieder-Schönhausen mit einem Königl. Lustschloß und Garten, das Dorf Pankow und das D. Blankenfelde, (der Sitz des Amts);

das

das A. Mühlenbeck; das A. Oranienburg; das A. Friedrichsthal mit einer Uhrfabrik und Glashütte, worin bloß Steinkohlen gebrannt werden dürfen, und mit dem Dorfe Neu-Holland, bekannt wegen seiner reichen Viehzucht; das A. Liebenwalde und darin das wegen seiner reichen Viehzucht wichtige Dorf Kreuzbruch; das A. Löhme; das A. Alt-Landsberg mit der Stadt gleiches Namens; — das unter dem Amte Köpenick stehende Dorf Friedrichsfelde, mit einem dem Herzoge von Curland gehörigen schönen und geschmackvollen Lustschloß und Garten. — Das Dorf und Schlößchen Teegel. — Die adlichen Güter Schöneiche, (wichtig wegen der dortigen Wachsbleichen und sonstigen schönen Anlagen), Blumberg, Buch, Taßdorf, Weißensee u. s. w. Das dem Magistrat zu Berlin gehörige angenehme Fischerdorf Stralau, so wie auch das nicht minder angenehme Magistrats-Dorf Lichtenberg. —

2) Der Havelländische Kreis enthält mit Einschluß von Potsdam und Brandenburg auf 37 Quadrat Meilen in 9 Städten und 144 Dörfern 9531 Feuerstellen, und mit dem Militär 89,697 Einwohner. Man merke folgende immediate Städte: Brandenburg, bestehet aus 3 Theilen, nämlich der Altstadt, Neustadt und der Burg, welche durch die Havel von einander abgesondert sind, hat mit dem Militär über 12000 Einwohner, sehr ausgebreitete Parchent-, Woll-, Leinwand- und andere Manufakturen, und auch sonst gute Nahrung vom Brauen und Branntweinbrennen, von der Fischerei, Schiff-

 fahrt

fahrt u. s. w., ist auch merkwürdig wegen des Ritter-kollegiums, des Domkapitels, des neu errichteten Land-Armen- und Invaliden-Hauses u. s. w. — Potsdam, die zweite Königl. Residenzstadt, an der Havel, fast durchgängig überaus schön, vortrefflich, und regelmäßig gebauet, enthält mit den Vorstädten und der starken Garnison etwa 28000 Einwohner, viele wichtige Manufakturen und Fabriken, 4 Königl. Schlösser, (von welchen eins in der Stadt, Sans-Souci, der neue Pallast und das seit 1787 gebauete neue Königl. Haus am heiligen See aber außerhalb derselben liegen), ein großes Waisenhaus für Soldatenkinder, und viele andere Merkwürdigkeiten. — Spandau, beim Zusammenfluß der Spree und Havel, hat mit dem Militär etwa 6000 Einwohner, eine Festung, eine Gewehrfabrik und ein Zuchthaus, und ist sehr nahrhaft durch Brauerei, Bäckerei, Fischerei und die starke Passage, die zu Lande und auf der Havel hier durch und vorbei gehet. — Nauen hat eine sehr gesegnete Ackerwirthschaft und Viehzucht. — Rathenow an der Havel, (bestehet aus der Alt- und Neustadt), mit einer wichtigen Parchent- und Cannefas-Manufaktur, hat auch viele Tuchmacher und Leinweber. — Folgende Königl. Aemter: Das A. Potsdam mit dem Pfarrdorfe Bornim oder Borne, welches auch der Sitz des Amts ist. — Das A. Spandau. — Das A. Nauen mit dem Dorf Berge, wo der Sitz des Amts. — Das A. Königshorst, vormals eine wüste morastige Gegend, jetzt bekannt wegen der trefflichen Viehzucht, die ganz nach Holländischer Art getrietrieben wird, versorgt den Königl. Hof, so wie auch Berlin und Potsdam mit einer großen Menge der schönsten Butter. — Das A. Fahrland. — Das Amt Fehrbellin, auch das Ländchen Bellin genannt, mit dem Städtchen Fehrbellin am Rhin, bekannt wegen der Niederlage der Schweden 1675, und nahrhaft durch Branntweinbrennereien. — Das Städtchen Pritzerbe an der Havel, und der Marktflecken Ketzin an der Havel stehen unter dem Amte Ziesar; — das A. Bornstedt bei Potsdam gehört dem großen Soldaten-Waisenhause in dieser Stadt. — Folgende adeliche Distrikte und Oerter: das Ländchen Rhinow mit dem Städtchen Rhinow und dem Pfarrdorf Hohen-Nauen, der berühmten adelichen Familie von der Hagen zugehörig. — Das Ländchen Frisack mit der kleinen Stadt Frisack am Rhin. — Der Marktflecken Plaue an einem großen See, durch welchen die Havel gehet. —

3) Der Glien- und Löwenbergische Kreis enthält auf 11^{1} Quadratmeilen in 1 Stadt und 29 Dörfern 1636 Feuerstellen und mit dem Militär 12909 Seelen. Man merke die 3 Königl. Aemter: das A. Bötzow, das A. Vehlefanz mit der kleinen St. Cremmen und das A. Badingen. — Das zum Amte Friedrichsthal gehörige, wegen seiner Viehzucht bekannte Dorf Hohen-Bruch.

4) Der Ruppinsche Kreis enthält auf $32\frac{3}{4}$ Quadratmeilen in 7 Städten und 124 Dörfern 5906 Feuerstellen und mit dem Militär 43511 Einwohner. Man merke die 3 immediaten Städte: Neu-Rup-

pin an einem großen See, durch den der Rhinfluß gehet, hat starke Brauerei, viele Tuchmacher, und eine sehr gut eingerichtete Schule, brannte 1787 fast ganz ab, ist aber jetzt schon größtentheils sehr schön und regelmäßig wieder aufgebauet. — Die Stadt Wusterhausen an der Dosse und die Stadt Gransee. — Die Königl. Aemter: das A. Neu-Ruppin mit den Städten Alt-Ruppin und Lindau, und das A. Neustadt mit der Stadt Neustadt an der Dosse, merkwürdig wegen der dortigen Spiegelmanufaktur, des Friedrich Wilhelms-Gestütes und des Landgestütes Lindenau, so wie auch wegen des hohen Ofens und Seigerhüttenwerks. — Das dem Prinzen Heinrich zugehörige Amt Rheinsberg mit der St. Rheinsberg am Rhin, (hat ein schönes Schloß, viele andere schöne Anlagen und eine Fayancefabrik).

5) Der Ober-Barnimische Kreis enthält auf 27 Quadratmeilen in 6 Städten und 118 Dörfern 5199 Feuerstellen, und mit dem Militär 38336 Einwohner. Man merke darin die immediaten Städte: Wrietzen an der Oder, mit einer wichtigen Fabrik von metallenen Schnallen und eisernen Haken, und lebhaft und nahrhaft wegen seines starken Verkehrs mit dem nahgelegenen Oderbruch. — Strausberg an dem merkwürdigen See Straus, wichtig wegen der Boy- und Flanell-Manufakturen, die über 200 Menschen beschäftigen, und wegen eines dort neu errichteten Landarmen- und Invaliden-Hauses. — Neustadt Eberswalde, am Flusse und Kanal Finow, hat viele Tuchmacher und überaus wichtige Fa-

Fabriken in Eisen, Stahl, Kupfer und Messing, in der Nachbarschaft zu Spechtshausen auch eine dem Hrn. Kommerzien-Rath Ebart in Berlin gehörige sehr sehenswürdige und wichtige Holländische Papiermühle, die jährlich etwa 15000 Rieß von aller Art liefert. — Oderberg, eine kleine Stadt von etwa 1600 Einwohnern. Die Königl. Aemter: Das Bruchamt zu Wrietzen, zu welchem auch mehrere neu angelegte Dörfer und Kolonien zwischen der alten und neuen Oder gehören. — Das A. Freienwalde mit der St. Freienwalde, wichtig wegen des dortigen Gesundbrunnens und Alaunwerks. — Das A. Rüdersdorf mit dem Dorf Rüdersdorf und einem Bergamt, unter dessen Direktion die benachbarten wichtigen Kalksteinbrüche bearbeitet werden. — Das A. Biesenthal mit der Stadt gleiches Namens. — Der Flecken Werneuchen unter dem A. Alt-Landsberg, — der adliche Flecken Klein-Bukkow und die adlichen Dörfer: Hohen-Finow, (wichtig wegen des Krapp-Baues und der benachbarten Fabriken zu Amalienhof, Carlswerk und Sophienhaus), Prötzel u. s. w.

6) Der Lebusische Kreis enthält auf $28\frac{7}{8}$ Quadratmeilen in 7 Städten und 113 Dörfern 6619 Feuerstellen und mit dem Militär 49879 Einwohner. Man merke darin die immediaten Städte Frankfurt an der Oder, in einer schönen Gegend, hat mit der Garnison über 11000 Einwohner, eine Universität, jährlich 3 Messen, wichtige Seiden- und Tuchmanufakturen und einen ausgebreiteten Handel, besonders mit Leinsamen, wovon jährlich etwa 20000 Tonnen

nach Schlesien, Böhmen und Sachsen versandt werden. — Die St. Fürstenwalde an der Spree, hat einige Manufakturen. — Müllerose, eine kleine St. am Friedrich Wilheims-Kanal. — Die kleine St. Müncheberg. — Folgende Königl. Aemter: das A. Lebus mit dem Städtchen Lebus an der Oder; — das A. Sachsendorf mit dem Städtchen Selow; — das A. Golzow; — das A. Friedrichsaue; — das A. Wollup; — das A. Klenitz. (Diese bisher genannten Aemter machen den besten Theil des Oderbruchs aus). Das A. Fürstenwalde; — das A. Biegen mit dem Flecken Ober-Lindow. — Der adliche Flecken Buckow, seines guten Hopfenbaues wegen bekannt. — Die zu des Johanniter-Ritterordens Herrenmeisterthum Sonnenburg gehörigen Commenthureien Gorgast und Lietzen. — Das adliche A. Quilitz, — das adliche Dorf Gusow u. s. w. —

7) Der Teltowsche Kreis enthält auf $31\frac{1}{2}$ Quadratmeilen in 7 Städten und 134 Dörfern 4708 Feuerstellen, und mit dem Militär 30001 Seelen. Man merke darin: 1. den Hauptkreis, und darin die Immediat-Städte: Charlottenburg an der Spree, mit einem schönen, unter der gegenwärtigen Regierung mit mehreren neuen geschmackvollen Gebäuden und Anlagen erweiterten und verschönerten Königl. Lustschloß und Garten. — Köpenick an der Spree, hat ein Königl. Schloß, eine Seidenfabrik, gute Fischerei und in der Nähe mehrere schöne Bleichen — und die kleine St. Mittenwalde; ferner das Königl. Amt Köpenick — die vormals kronprinz-

prinzlichen, jetzt wieder Königl. zur Herrschaft Wusterhausen gehörigen 5 Aemter Gallun, Groß-Machenow, Rotzis, Selchow und Waltersdorf. — Die kleine Mediat-Stadt Teltow, bekannt wegen ihres Rüben- und Flachs-Baues, und ihrer Leinweberei, und das adliche, den Erben des 1795 verstorbenen unvergeßlichen und patriotischen Staatsministers Herrn Gr. v. Hertzberg zugehörige Gut Britz, berühmt wegen seiner vortrefflichen und musterhaften ökonomischen Anlagen und Einrichtungen. — 2. Den Aemterkreis und darin die Städte und Königl. Aemter Zossen, worin das wegen des benachbarten Gypsbruches bekannte Dorf Sperenberg, und Trebbin. — 3. Die vormals kronprinzliche, jetzt wieder Königl., aber unter einer Immediat-Direktion und besondern Domänen-Kammer stehende Herrschaft Wusterhausen und Teupitz, und darin das Amt und den Flecken Königs-Wusterhausen, mit einer Königl. Domänen-Kammer, und das Amt und die kleine Stadt Teupitz. —

8) Der Zauchische Kreis, von welchem der Ziesarsche Distrikt seit 1773 gegen den Luckenwaldischen Kreis zum Herzogthum Magdeburg verlegt ist, enthält auf 21⅛ Quadratmeilen in 4 Städten und 87 Dörfern 4297 Feuerstellen und mit dem Militär 25384 Seelen. Man merke außer der Neustadt Brandenburg, die Immediat-Städte Treuenbrietzen, (hat gute Tuch- und Leinwand-Manufakturen), und Belitz, (hat, wie die umliegende Gegend, guten Flachsbau). — Das Königl. Amt Lehnin

nin mit dem Fl. Lehnin und der kleinen St. Werder, auf einer Insel in der Havel, nahrhaft durch ihren reichen Wein- und Obst-Bau. — Das Königl. A. Saarmund mit der kleinen St. Saarmund an der Saare. — Das adeliche Ländchen Beerwalde, mitten im Sächsischen Churkreise, und das adeliche von Rochowsche Gut Rekahn, mit einer berühmten Dorfschule.

9) Der Luckenwaldische Kreis, vor 1773 zum Herzogthum Magdeburg gehörig, enthält auf $9\frac{1}{2}$ Quadratmeilen in 2 Städten und 41 Dörfern 1913 Feuerstellen und mit dem Militär 11445 Einwohner. Man merke darin: das Königliche Amt Zinna mit der Stadt Luckenwalde (hat viele Tuchmacher und Leinweber), und der Stadt Zinna mit wichtigen Woll- und Baumwollen-Manufakturen.

B. Die Altmark ist bis auf den in der Mitte der Provinz belegenen Dolchauer Berg (von dem man beinahe die ganze Altmark und einen Theil des Magdeburgischen und Lüneburgischen, und bei hellem Wetter sogar den 15 Meilen weit entfernten Brokken auf dem Harz übersehen kann), fast durchgehends eben, sehr fruchtbar und reich an Getreide und andern Feldfrüchten, Rapsamen, Flachs, Hopfen, Holz, Vieh und Fischen, und wird von den Flüssen Milde, Biese, Aland, Uchte, Jetze, Tanger und Ohre bewässert. Sie ist $76\frac{3}{4}$ Quadratmeilen groß, enthält 13 Städte, 505 Dörfer, 16938 Feuerstellen, und zählte im Jahr 1786, mit dem Militär, 98187 Einwohner. Sie besteht aus

aus 6 Kreisen oder Landreutereien, welche sind: 1) Der Stendalsche Kreis, mit den unmittelbaren Städten: Stendal an der Uchte, Hauptstadt, der Sitz des Obergerichts der ganzen Provinz, so wie auch des Generalsuperintendenten für die Altmark und Prignitz, und sonst auch einer Deputation der Churmärkischen Kriegs- und Domänen-Kammer, die aber jetzt eingezogen, und mit der Königl. Churm. Kriegs- und Domänen-Kammer in Berlin vereinigt worden ist, mit 5 bis 6000 Einwohnern und wichtigen Tuch-, Boy-, Flanell-, Multum- u. Baumwollen-Manufakturen, — und der kleinen Stadt Osterburg und 64 adlichen Dörfern. 2) und 3) Der Tangermündische und Arneburgische Kreis, darin die immediate Stadt Tangermünde, in einer fruchtbaren Gegend am Tangerfluß, welcher sich unterhalb derselben in die Elbe ergießt. — Die immediate Stadt Arneburg an der Elbe, nahrhaft durch einige Manufakturen, Schifffahrt, Ackerbau und Kornhandel. — Die 3 Königlichen Aemter Burgstall, Tangermünde und Neuendorf, (in diesem letzteren liegt unter andern das adliche Fräuleinstift und Kloster Neuendorf) mit 56 Dörfern und 8 Vorwerken. — Endlich noch 85 adliche Ortschaften. — 4) Der Seehausensche Kreis, und darin die immediaten Städte Seehausen und Werben, jene am Fluß Aland, diese an der Elbe, wo sie die Havel aufnimmt, und 55 adliche Dörfer. 5) Der Arendseesche Kreis, mit dem Königl. Amte und Städtchen Arendsee, (worin ein evangelisches adliches Fräulein-Stift), an einem merkwürwürdigen See, die adlichen Städte Calbe und Bismark und der adliche Flecken Groß-Apenburg. 6) Der Salzwedelsche Kreis, darin: Salzwedel, immediate Stadt an der Jeetze, besteht aus der Alt- und Neustadt, hat gegen 5000 Einwohner, viel Brauerei und wichtige Manufakturen in Tuch, Fries, Zeugen, Raschen, Leinwand u. s. w. — Gardelegen oder Gardeleben, immediate Stadt an der Milde — das Königl. Amt Salzwedel; das Königl. A. Diesdorf, mit einem evangelischen Frauenkloster für 6 adeliche und 6 bürgerliche Conventualinnen; das dem Joachimsthalischen Gymnasium in Berlin gehörige Amt Dambeck. — Der adliche Flecken Betzendorf. In diesem Kreise an der Lüneburgischen und Wolfenbüttelschen Gränze liegt auch der so genannte Drömling, ein großes Bruch oder Luch, das 110410 Morgen 145 Quadrat-Ruthen enthält, wovon aber der Altmärkische durch Vertiefung des Haupt-Ohre-Kanals urbar gemachte Antheil nur 73610 Morgen 145 Quadratruthen beträgt, der übrige Theil aber zu den Fürstenthümern Wolfenbüttel mit 26000 Morgen und Lüneburg mit 10800 Morgen gehört. —

C. Die Prignitz wird außer der Elbe und Havel auch noch von den kleineren Flüssen Elde, Löckenitz, Stepenitz, Dömnitz, Jägelitz und Dosse bewässert, hat an diesen Flüssen gute Wiesen und zum Theil sehr fruchtbare Aecker, nach der Mecklenburgschen Gränze zu aber auch viele sandige und schlechte Gegenden, viel Holz und mehrere Landseen. Sie ist 57¾ Quadrat-Meilen groß, hat

10 Städte, 318 Dörfer, 13887 Feuerstellen, und zählte im Jahr 1786 mit dem Militär 73168 Einwohner. Die Provinz wird in 7 Distrikte oder Kreise abgetheilt. Diese sind: 1) der Perlebergische Kreis mit der Hauptstadt Perleberg an der Stepenitz, und dem adelichen Städtchen Witteberge und 83 Dörfern. — 2) Der Pritzwalkische Kreis, darin: die immed. Stadt Pritzwalk an der Dömnitz, nahrhaft durch Ackerbau, Viehzucht und Tuchmanufakturen. — Das adeliche Fräuleinstift zum heiligen Grabe. — Das adeliche Fräuleinkloster Marienfließ. — Die adelichen Städtchen Meyenburg (ist kürzlich größtentheils abgebrannt), und Putlitz. — Der adeliche Flecken Freienstein bauet viele kleine sehr schmackhafte Rüben. — 3) Der Wittstockische Kreis, darin: die immediate Stadt Wittstock an der Dosse, hat über 3000 Einwohner, wichtige Tuchmanufakturen, die über 200 Arbeiter beschäftigen, und ein neu errichtetes Land- Armen- und Invaliden-Haus. — Das K. A. Wittstock. — Das K. A. Goldbeck. — Das K. A. Zechlin mit dem Flecken Zechlin, bekannt wegen der benachbarten Krystall- und Glas-Hütte. — 4) Der Kyritzische Kreis mit der immed. Stadt Kyritz am Bache Jägelitz, nahrhaft durch Acker- und Gartenbau und Viehzucht. — 5) Der Havelbergische Kreis, darin: die immed. Stadt Havelberg an der Havel, in einer angenehmen Gegend, mit einer Domkirche und einem Domkapitel, nahrhaft durch Strumpfstricken, Fischerei, Schiffahrt, Schiffbau, und

und die hiesige wichtige Holzniederlage. — Die adeliche Stadt Wilsnack. — 6) Der Plattenburgische Kreis und darin: das adeliche Schloß, die Plattenburg und 10 Dörfer. — 7) Der Lenzensche Kreis, darin: die immed. Stadt Lenzen, unweit der Elbe, bekannt wegen des hiesigen einträglichen Elbzolls, und der benachbarten fruchtbaren und viehreichen Lenzerwische. — Das K. A. Eldenburg. —

D. Die Ukermark, diese wahre Kornkammer für Berlin, bewässert von den Flüssen Oder, Havel, Uker, Randow und Welse, u. s. w. voll großer und kleiner Landseen, (worunter der Uker-See, der Paarstein und Wehrbellin u. e. a. von großem Umfange sind), und im südlichen und westlichen Theil auch voll großer Waldungen, ist 62 Quadrat-Meilen groß, und zählte im Jahr 1786 11 Städte, 219 Dörfer, 11381 Feuerstellen und 86773 Einwohner mit dem Militär. Sie wird in folgende 2 Kreise abgetheilt: 1) Der Ukermärkische Kreis enthält die immediaten Städte Prenzlau am See und Fluß Uker, Hauptstadt der Provinz, hat mit der Garnison 7 bis 8000 Einwohner, treibt starken Handel mit Korn, Vieh und Taback, hat eine starke Französische Kolonie, und einige gute Manufakturen. — Templin am See Dolgen, schön und regelmäßig gebauet, nahrhaft durch Holzhandel und einige Manufakturen in Tuch, baumwollenen Mützen und Strümpfen, Leinwand u. s. w. — Lychen, in deren Nachbarschaft viele Landseen sind. — Straßburg, nahrhaft durch

Acker-

Acker- und Tabacksbau und einige Manufakturen. — Das K. A. Zehdenick mit der Stadt Zehdenick an der Havel, bekannt wegen des dortigen Eisenhüttenwerks und adelichen Fräuleinstifts, und nahrhaft durch Schifffahrt und einige Manufakturen. — Das K. A. Gramzow mit dem Flecken gleiches Namens. — Die dem Joachimsthalschen Gymnasium in Berlin zugehörigen Aemter Seehausen und Blankenburg. — Der adeliche von Arnimische Flecken Boytzenburg hat ein schönes Schloß, einen schönen Lust- und Thier-Garten, und eine ansehnliche Fasanerie, treibt viel Handel mit Holz und Korn, der durch die zahlreichen benachbarten Seen sehr befördert wird. — Der adel. Flecken Fürstenwerder. — 2) Der Stolpirische auch Stolpische Kreis enthält: die immed. Stadt Neu-Angermünde mit einigen Manufakturen. — Die Königl. Aemter: Löcknitz, und Brüssow mit dem Flecken gleiches Namens. — Das K. A. Chorin mit dem Flecken Nieder-Finow, und das K. A. Grimnitz. — Die vormals Markgräflich-Schwedtsche, seit dem Tode des letzten Markgrafen Heinr. Friedr. aber wieder Königl. Herrschaft Schwedt *), worin: die

*) Die Herrschaft Schwedt bestehet aus folgenden 3 Departements: 1) aus dem Schwedtschen Departement, wozu gehören die Städte Schwedt und Vierraden, imgleichen die Aemter Hohenkränig, (liegt in der Neumark), Meyenburg, Heinersdorf und Schönermark,

die schön gebauete Stadt Schwedt an der Oder, mit einem prächtigen Schloß und Garten, und dem benachbarten Lustschloß Monplaisir. — Das Städtchen Vierraden, bei welchem die Welse in die Oder fällt. — Die dem Joachimsthalschen Gymnasium gehörigen Schulämter Joachimsthal, (mit dem Städtchen gleiches Namens), und Neuendorf. — Der adeliche Flecken Greifenberg, wo viel irdenes Geschirr verfertiget wird, und der adeliche Flecken Stolpe an der Oder, von dem der Kreis seinen Namen bekommen, in einer romantischen Gegend mit einem adelichen Schlosse, und den Ueberbleibseln einer alten Burg auf einem hohen Berge, von dem man auf den im Thal liegenden Flecken und die ganze umliegende Gegend eine treffliche Aussicht hat.

E. Die

mark, (in der Ukermark), 2) aus dem Wildenbruchschen Departement oder den Aemtern Wildenbruch, Neuendorf, Brusenfelde, Röhrchen, Thänsdorf oder Thönsdorf, Stresow und Jädersdorf, (liegen alle in dem Greifenhagenschen Kreise von Hinterpommern) — 3) aus dem in eben diesem Kreise befindlichen Fiddichowschen Departement, nämlich der Stadt Fiddichow und den Aemtern Selchow, Schönfeld, Kehrberg, Fiddichow und Cunow, (dies letztere liegt in der Ukermark). Diese Herrschaft steht unter einer eignen Königl. Immediat-Administration, und zeichnet sich noch besonders durch ihre trefflichen Landstraßen aus, welche die Markgrafen größtentheils haben schnurgerade ziehen, und mit schönen Alleen bepflanzen lassen.

E. Die ehemaligen Herrschaften Beeskow und Storkow, welche den Bees- und Storkowschen Kreis ausmachen. Dieser Kreis enthält auf 24¾ Quadrat-Meilen, in 2 Städten und 123 Dörfern 3742 Feuerstellen und mit dem Militär 22691 Einwohner. Man merke: die immediaten Städte Beeskow an der Spree, nahrhaft durch Ackerbau, Fischerei, Schifffahrt und Tuchweberei, und Storkow mit den nämlichen Nahrungszweigen. — Das Königl. Amt Beeskow. — Das K. A. Stansdorf. — Die 6, vormals kronprinzlichen, jetzt wieder Königl. zur Herrschaft Wusterhausen gehörigen, und unter der dortigen Königlichen Immediat-Direktion und Domänen-Kammer stehenden Aemter: Buchholz mit dem Flecken Buchholz an der Dahme, — Kossenblat — Krausnick — Münchehofe — Plössin — Trebatsch. — Die dem Königl. wirklichen Geheimen Staats- und Justiz-Minister Herrn Freiherrn von Wöllner zugehörigen, und wegen ihrer vortrefflichen ökonomischen Anlagen und Einrichtungen merkwürdigen Güter Groß- und Klein-Rietz, Birkholz, Rasmansdorf und Drahendorf.

Anmerk. Zu der Churmark Brandenburg gehören noch: 1) Die Grafschaft Wernigerode, welche die Grafen von Stollberg als ein Lehn, und unter der Landeshoheit der Mark Brandenburg besitzen. (S. eine genauere Beschreibung derselben unten bei Halberstadt). — 2) Die Herrschaft Derenburg, steht unter den Landeskollegien des Fürstenthums Halberstadt, und soll bei dieser Provinz näher angezeigt werden. 3) Der Großburger Halt in Schlesien, und zwar in dem Fürstenthum Breslau, ein Lehn des vormaligen Bisthums Lebus, ist der Breslauischen Krieges- und Domänen-Kammer untergeordnet, steht aber in Civil- und Kirchen-Sachen unter dem Churmärkischen Kammergerichte und Oberkonsistorium. S. unten bei Schlesien.

V.

Die Neumark.

Hülfsmittel.

A. An Karten: S. oben bei der Churmark. — Karte von der Neumark, neu entworfen und nach ihren Kreisen abgetheilt von F. L. Güssefeld. Nürnberg, bei Weigel und Schneider, 1789. — Sotzmann's Atlas der Königl. Preußischen Staaten No. IX. A. und No. IX. B. — Die zu den Berlinischen historisch-genealogischen Kalendern gehörigen in gr. 4. herausgegebenen Sotzmannischen Karten von den einzelnen Kreisen dieser Provinz, wovon bisher folgende 9 Blätter erschienen: Der Schievelbeinische Kreis 1790. (Mit einer statistischen Tabelle). — Der Dramburgische Kreis 1791. (Mit einer ähnlichen statistischen Tabelle, dergleichen aber bei den übri-

übrigen Kreisen fehlen). — Der Arendswaldische Kreis 1792. — Der Soldinsche Kreis 1793. — Der Friedebergische Kreis 1793. — Der Landsbergische Kreis 1794. — Der Züllichauische Kreis 1794. — Der Sternbergsche Kreis 1795. — Der Königsbergsche Kreis 1795. — Die beiden noch fehlenden Kreise nämlich der Crossensche und Cotbusische sollen auch noch erscheinen, so daß diese 11 Karten dann einen completten Atlas von der Neumark ausmachen werden. — General-Karte von dem ganzen Wartebruch nebst den darin befindlichen Etablissements, Bewallungen, Kanälen und Gräben 1788. Ein länglicher Bogen von Sotzmann gezeichnet und gestochen. (Dies Blatt gehört eigentlich zu dem Stubenrauchischen Werke, s. unten bei den Büchern). —

B. An Büchern: Büschings vollständige Topographie der Mark Brandenburg begreift auch die Neumark; aber an einer eignen und besondern Topographie fehlt es zur Zeit noch, da die von dem geschickten Registrator und Königl. Kriegsrath, Herrn Mieg, vor mehreren Jahren angekündigte Topographie dieser Provinz bis jetzt noch nicht erschienen ist. — Zuverlässige Nachrichten von wichtigen Landes- und Wirthschafts-Verbesserungen, oder der Pommersche und Neumärkische Wirth. (Vom Hrn. von Beneckendorf). Stettin, 1778 und in den folgenden Jahren. — Kleine ökonomische Reisen (ebenfalls vom Hrn. von Beneckendorf

dorf). 2 Theile. Züllichau 1785 und 1786. — Vergleichung der Märkschen und Pommerschen Landwirthschaftsarten mit der Schlesischen (auch vom Hrn. von Beneckendorf). Halle, im Verlag des Waisenhauses, 1786. — Des Prinzlichen Kammerdirektors Hrn. Stubenrauch Nachricht von der Verwallung und Urbarmachung der Wartebrücher, mit einer Karte von Sotzmann, 1787, in 4. — Von Brenkenhofs Leben. — Mehrere treffliche statistische Abhandlungen und Aufsätze, die Neumark betreffend, in Hausens Staats-Materialien, (2 Bände), verglichen mit dem Historischen Portefeuille, Jahrgang 1782, 4tes Stück. April. S. 467 f. f. — Ueber den Cottbusischen Kreis finden sich lehrreiche Nachrichten in Fabri's älterem geographischen Magazin, Heft X. S. 129. f. Heft XI. S. 352. f. Heft XII. S. 381. f. Heft XIII. S. 86. f. —

Lage, Gränzen und Größe. Die Neumark gränzet gegen Mitternacht an Pommern, gegen Morgen an Pommern, den Netzdistrikt und Süd-Preußen, gegen Mittag an Schlesien und die Niederlausitz, gegen Abend an die Churmark, von welcher sie durch die Oder geschieden wird, und ist 220 Quadratmeilen groß.

Natürliche Beschaffenheit. Der Boden ist größtententheils nur von mittlerer Güte, in vielen Gegenden sehr sandig, und in den nördlichsten Kreisen mit Heidekraut bewachsen; doch giebts auch hin und wieder, besonders im Soldinischen, Landsbergischen

schen und Königsbergischen Kreise, so wie überhaupt längs der Oder sehr fruchtbare Distrikte, und fast überall große und holzreiche Waldungen. Der Hauptfluß ist die Oder, die bei Crossen den Bober und bei Cüstrin die Warte aufnimmt, und durch den neuen Oderkanal, der sich von Güstebiese bis Wutzau erstrecket, eine gerade Richtung erhalten hat. Die Warte wird bei Zantoch durch die Netze verstärkt, nachdem diese bei Belitz die Drage aufgenommen hat. In den nördlichsten Kreisen sind noch die Rega und Ihne, und im Cotbusischen Kreise die Spree zu merken. Auch giebts fast überall viele und fischreiche Landseen. —

Landesprodukte. Getreide aller Art, Flachs, Holz, (reichlicher als in der Churmark), Gartenfrüchte und Obst, (hinreichend), etwas Wein, (besonders bei Züllichau und Crossen), vortreffliche Rindviehzucht, (vorzüglich in den urbar gemachten Brüchern an der Oder, Warte und Netze, woselbst man auch viele gute Pferde zuziehet), Wolle, (in Menge und von vorzüglicher Güte), Fischerei in den Flüssen, Seen und Teichen, (vorzüglich ergiebig bei Sonnenburg und in den zahlreichen Karpfenteichen des Cotbusischen Kreises), Seidenbau, Eisenerz in mehreren Gegenden, Torf, gute Thonarten u. s. w. —

Manufakturen, Fabriken und Handel. Fast alle Städte der Neumark haben sehr zahlreiche Tuchmachergewerke; vorzüglich wichtig und blühend sind aber die Tuchmanufakturen in den Städten Züllichau und Cotbus. Hin und wieder werden auch allerlei leichte wollene Zeuge, wollene Strümpfe, u. d. gl. verfertiget, aber nicht in Menge. In der Cotbusschen Gegend wird viele und gute Leinwand gewebt. Im Jahr 1783 wurden in den Wollmanufakturen dieser Provinz verarbeitet 15467 schwere Stein (à 22 Pf) feine, 37278¾ schw. St. mittlere und 14800½ schw. St. grobe — zusammen also 67546¼ schw. St. Wolle. Man verfertigte daraus: 49925 Stück Tücher und Kirsey, 1174 St. Rasche, 1351½ St. Boie, Friese und Flanelle, 1775½ St. Calmanke, Camelotte, Chalons, Serge und Etamin, 1772¼ Dutzend Strümpfe und 18478 St. Hüte. Alle diese Wollen-Waaren hatten einen Werth von 717453 Rthlrn., und es waren davon debitirt worden im Lande für 444307 Rthlr., und außer Landes für 273146 Rthlr. In eben diesem Jahr verfertigte man 4760 Schock Leinwand, 96½ Dutzend leinene Tücher und 927 Stück andere leinene Waaren. Die Baumwollen-Fabriken sind höchst unbedeutend; wichtiger aber die Leder-Fabriken. Auch gehören noch zu den wichtigsten Fabrikanstalten der Neumark die Königl. Eisenhüttenwerke zu Peitz, Vietz, Zanzhausen und Zanzthal, und die Königl. Glashütten zu Arenswalde, Tornow, Lotzen, Marienwalde und Bernsee. — Der Werth aller Fabrikate der Neumark im Jahr 1783 betrug 879822 Rthlr. 16 Gr., wovon für 580640 Rthlr. 6 Gr. im Lande und für 299182 Rthlr. 10 Gr. außer Landes abgesetzt wurden. Die Neumärkischen Manufaktur-Waaren finden übrigens auf den Frankfurter und andern Messen starken Absatz, werden aber auch außer

den-

denselben nach Polen, Stettin, Hamburg u. s. w. verschickt. —

Volksmenge. So sehr die Neumark auch durch den siebenjährigen Krieg gelitten hat, so hat sich doch die Bevölkerung nach demselben, besonders durch die vielen neu angelegten Kolonien in den urbar gemachten Brüchern an der Oder, Warte und Netze, sehr schnell vermehrt. Im Jahr 1783 waren in der ganzen Provinz vorhanden: 39 Städte, 32 Kämmereien, 19 Königl. Aemter, (jedoch exclusive der zwar in dem Umfange der Neumark belegenen, aber unter der Churmärkischen Krieges- und Domänen-Kammer stehenden Aemter Cotbus, Sylow, Frauendorf, Zellin, Neuenhagen, und der zum Bruch-Amt Wrietzen gehörigen Dörfer und Kolonien zwischen der alten und neuen Oder, mit welchen zusammen die Provinz 24 oder gar 25 Königl. Aemter enthalten würde), $864\frac{1}{2}$ Dörfer und Kolonien, (und darunter 221 Königl. Amtsdörfer mit 90 Vorwerkern, $68\frac{1}{2}$ Kämmerei-Dörfer mit 34 Vorwerkern, und 575 adeliche und andern Privateigenthümern zustehende Dörfer), 359 Wassermühlen, 124 Windmühlen, 99 Schneidemühlen, 20 Oehlmühlen, 23 Lohmühlen, 35 Walkmühlen, 11 Papiermühlen, 87 Ziegeleien, 4 Eisenwerke, 1 Kupferhammer, 7 Glashütten, 1 Alaunwerk, 38883 Häuser oder Feuerstellen, und, ohne den Militärstand und die dazu gehörigen Personen, 246689 Einwohner, von welchen in den Städten 67002, in den Königl. Amtsdörfern und Vorwerkern 50705, in den Kämmerei-Dörfern und Vorwerkern 15484, und in den adelichen Dörfern 113498 Seelen lebten. Im Jahr 1793 zählte man an Civil-Personen in den Städten 71826, und an Soldaten-Weibern und Kindern 5077, zusammen also in den Städten 76903, und auf dem platten Lande, jedoch inclusive des beurlaubten Militärs und dessen Familien, 202346 — mithin in der ganzen Provinz 279249 Seelen, ohne die in Reih' und Gliedern stehenden, für gewöhnlich in den Garnisonen bleibenden Soldaten. Im Jahr 1794 fanden sich in den Städten an Civil-Personen 72668, und an Soldaten-Frauen und Kindern in den Garnisonen 4354, zusammen also in den Städten 77022, auf dem platten Lande aber, jedoch inclusive des beurlaubten Militärs, 202562, in der ganzen Provinz also 279584 Seelen, ohne die in den Garnisonen befindlichen wirklichen Soldaten. Rechnet man diese noch zu den obigen Summen hinzu, und bedenkt man, daß in den genannten beiden Jahren wegen des mit Frankreich und Polen geführten Krieges viele Militär-Personen, Stück-Knechte u. s. w. aus der Provinz abwesend waren, die seitdem größtentheils zurückgekommen sind; so kann man die jetzige Volksmenge der Neumark mit Inbegriff des gesammten Militärs ohne Bedenken und Uebertreibung auf die runde Summe von wenigstens 288000 Seelen ansetzen.

Religion und Wissenschaften: In Beziehung auf die erstere s. oben bei der Churmark. — Die Cultur der Wissenschaften wird nicht wenig erleichtert und befördert durch das Friedrich Wilhelms-Lyceum zu Königsberg, durch die berühm-

ten

ten Schulanstalten zu Züllichau, so wie auch durch die ebenfalls wichtigen und zweckmäßigen Lateinischen Schulen zu Cüstrin, Landsberg an der Warte, Cotbus und e. a. Orten.

Eintheilung des Landes. Die Neumark enthält:

A. Die Stadt und Festung Cüstrin, in einer morastigen Gegend beim Zusammenfluß der Warte und Oder, welche die Hauptstadt der Provinz und der Sitz der Regierung, des Consistoriums und der Krieges- und Domänen-Kammer derselben ist. Die Stadt an sich ist nur klein, hat aber weitläuftige Vorstädte, starke Festungswerke, und mit dem Militär etwa 6000 Einwohner. Sie ward 1758 von den Russen eingeäschert, ist aber nachher weit schöner und regelmäßiger aufgebauet worden, als sie vorher war.

B. Die sieben ursprünglichen Kreise an der Nordseite der Warte, welche wieder in die vordern und hintern Kreise abgetheilet werden.

Die vordern Kreise sind:

1) Der Soldinische Kreis, voll fischreicher Seen, hat in den meisten Gegenden einen so fruchtbaren Boden, daß jährlich eine ansehnliche Menge guten Weizens gebauet wird, und enthält: Soldin, eine Immediat-Stadt an einem fischreichen See gleiches Namens, vormals die Hauptstadt der Provinz, mit wichtigem Ackerbau, so wie auch Tuch- und einigen andern Manufakturen. — Die kleinen Immediat-Städte Lippehne und Berlinchen; — das Königl. Amt Carzig.

2) Der

2) Der Königsbergische Kreis übertrifft alle andere Kreise an Größe und fruchtbaren Aeckern und Weiden, und enthält: Königsberg, eine immediate Stadt an der Rörike, gut gebaut, und nahrhaft durch seinen ergiebigen Ackerbau und einige Manufakturen, mit dem gut eingerichteten Friedrich-Wilhelms-Lyceum. — Die kleinen Immediat-Städte Schönfließ, Bärwalde und Neu-Damm. In den beiden letzten Städten sind gute Tuchmanufakturen. — Folgende acht Königl. Aemter: Das Amt Gerlsdorf oder Görlsdorf. — Das A. Butterfelde. — Das A. Zehden mit der kleinen Stadt gleiches Namens. — Das A. Neuenhagen, welches zwischen dem neuen Oder-Kanal und der alten Oder liegt, und unter der Churmärkischen Krieges- und Domänen-Kammer steht. — Das A. Zellin mit dem Flecken Zellin, liegt sehr angenehm auf einem hohen Berge, hart an dem Neumärkischen Ufer der Oder; aber es steht doch unter der Churmärkischen Krieges und Domänen-Kammer, weil die meisten und beträchtlichsten Grundstücke des Amts sich in der Churmark befinden. — Das Amt Neu-Damm mit dem Dorfe Wittstock, wo der Sitz des Amts ist. — Das A. Quartschen oder Quartzen an der Mietzel, mit dem Städtchen Fürstenfelde und dem Dorf Zorndorf, wo die Russen von den Preußen im Jahr 1758 in einer sehr blutigen Schlacht besiegt wurden. — Das A. Bleyen bei Cüstrin. — Das zu des Johanniter-Ordens-Herrenmeisterthum Sonnenburg gehörige sehr fruchtbare Amt Grüneberg, mit dem Dorf Güstebie-

diese, wo der neue Oderkanal seinen Anfang nimmt. — Das adeliche Städtchen Mohrin. — Das adeliche Dorf Rostin, mit einer Tabackspfeifenfabrik. — Das wichtige adeliche Gut Schildsberg. —

3) Der Landsbergische Kreis hat theils einen sandigen, theils Mittelboden, im Bruch aber treffliche Wiesen und Viehzucht, und enthält: Landsberg an der Warte, eine Immediat-Stadt, bestehet aus der Alt und Neustadt und mehreren Vorstädten, hat mit der Garnison zwischen 6 bis 7000 Einwohner, und ist überaus nahrhaft durch die Schiffsfahrt und Flösserei auf der Warte, durch Brauen und Branntweinbrennen, und einige Manufakturen in Tuch und wollenen Zeugen, so wie auch durch den Verkehr mit den benachbarten zahlreichen Kolonien im Wartebruch, und bekannt wegen ihrer großen Woll- und Kornmärkte. — Das Königl. Amt Himmelstädt, mit dem einverleibten Amt Piräne, darin die wichtigen Königl. Eisenhüttenwerke zu Vietz, Zanzhausen und Zanzthal. — Die adelichen Oerter: Zantoch, Stolzenberg (ein ehemaliges Markgräflich Schwedtsches Gut, mit einem Schloß und schönen Garten, u. s. w.).

Die hintern Kreise sind:

4) Der Friedebergische Kreis, hat bei Driesen lauter Sand, um Friedeberg und Woldenberg aber einen guten Mittel-Boden nnd im Netzbruch gute Wiesen und Weiden und ergiebige Viehzucht. Er enthält die drei Immediat-Städte: Friedeberg, nahrhaft durch den Verkehr mit den Kolonien im us-

bar

bar gemachten Netzbruch, und Tuchweberei. Die Stadt Driesen hat gute Tuchweberei und einen ansehnlichen Verkehr mit Polen. — Die Stadt Woldenberg. — Das Königl. Amt Driesen. 5) Der Arenswaldische Kreis, hat nach dem Friedebergischen Kreise zu Mittelboden, jenseits Arenswalde aber schlechtere Gegenden und Heideland, und enthält: die Immediat-Städte Arenswalde (unter andern auch merkwürdig wegen ihres vorzüglich schönen Kirchengeläuts) und Reetz, mit Tuchmanufakturen. Die Königl. Mediat-Stadt Bernstein; die Königl. Aemter Reetz und Marienwalde. — Die adelichen Städte Nörenberg und Neu-Wedel. 6) Der Dramburgische Kreis hat größtentheils schlechten aber bei der Stadt Dramburg selbst guten Mittelboden und enthält: die Immediat-Stadt Dramburg an der Drage, hat guten Ackerbau. — Die Königl. Aemter Sabin und Balster. — Die adeliche Stadt Callies (hat gute Tuch- und einige andere Manufakturen, und ist regelmäßig und massiv gebauet). — Die adeliche Stadt Falkenburg mit guten Tuch- und einigen andern Manufakturen. 7) Der Schievelbeinische Kreis, hat viel Wälder, Fischerei und Schafzucht, aber geringe Aecker, und enthält die Immediat-Stadt Schievelbein an der Rega, woselbst eine Commenthurei des Johanniterordens ist, zu welcher ein guter Theil der Dörfer dieses Kreises gehört. —

C. Die einverleibten Kreise, welche an der Südseite der Warte liegen, sind:

8) Der

8) Der Sternbergische Kreis oder das Land Sternberg, hat viel sandigen Boden, viele Wälder und Fischereien; aber bei Sonnenburg, so wie überhaupt längs der Warte und Oder, giebts doch auch allenthalben gute und fruchtbare Aecker, Wiesen und Weiden. Der Kreis ist etwa 7 Meilen lang und 4 Meilen breit, und enthält: die Immediat-Städte Drossen an der Lenze, und Reppen an der Eylang (beide nahrhaft durch starke Tuchweberei), — das Königl. Amt Frauendorf, (steht als ein ehemaliges Eigenthum des Bisthums Lebus größtentheils unter dem Churmärkischen Kammergericht und ganz unter der Churmärkischen Krieges- und Domänen-Kammer und dem Oberkonsistorio zu Berlin), mit dem Städtchen Göritz an der Oder, und die Königlichen Aemter Neuendorf und Bischoffsee. — Das Johanniter-Ordens-Herrenmeisterthum Sonnenburg, oder die Ballei Brandenburg, wozu in diesem Kreise gehören: die Aemter Sonnenburg, mit dem Städtchen und Schloß Sonnenburg an der Lenze, wichtig als Sitz des Herrenmeisters und seiner Regierung, und wegen seiner ergiebigen Fischerei. — Das Amt Rampitz, an der Oder. — Die Commenthurei Lagow, mit den kleinen Städtchen Lagow und Zielenzig, (letztere liegt an der Poste und hat ausgebreitete Tuchmanufakturen), und die Commenthurei Burschen. — Die beiden adelichen Städte Sternberg und Königswalde, (letztere mit einem Alaunwerk). Das dem Magistrat zu Frankfurt zugehörige Dorf Cunersdorf, bei dem im Jahr 1759 die Preußen, in einer blu-

blutigen Schlacht, von den Russen und Oestreichern besieget wurden. 9) Der Crossensche Kreis, (ein Theil des ehemaligen Herzogthums Crossen), hat zwar in verschiedenen Gegenden einen sandigen, in andern aber einen sehr guten Boden, der Weizen trägt, und enthält: die Immediat-Stadt Crossen, beim Einfluß des Bobers in die Oder, bekannt wegen ihres Weinbaues und ihrer starken Brauereien, und auch noch durch mehrere andere Gewerbe nahrhaft. — Das Königl. Amt Crossen, mit dem offenen Städtchen Bobersberg an der Bober, wo viele und gute Töpferarbeit verfertiget wird. — Die ziemlich ansehnliche adeliche Stadt Sommerfeld, nahrhaft durch ausgebreitete Tuchmanufakturen. — Die kleine adeliche Stadt Rothenburg. — 10) Der Züllichauische Kreis, (auch ein Theil des ehemaligen Herzogthums Crossen), hat mittelmäßigen Boden, aber an der Oder gute Wiesen und Weiden, und auf den hin und wieder befindlichen Anhöhen, insonderheit bei Züllichau, auch Weinbau, und enthält: die immediate Kreisstadt Züllichau, mit mehreren ansehnlichen Vorstädten und einem Königl. Schloß, hat zwischen 5 bis 6000 Einwohner, guten Weinbau, überaus wichtige Tuchmanufakturen, und ein ansehnliches von Michael Steinbart gestiftetes Waisenhaus, welches verschiedene Anstalten in sich begreift. Das Königl. Amt Züllichau, mit dem Dorfe Kay, bei welchem 1759 zwischen den Preußen und Russen zum Vortheil der letztern ein Gefecht vorfiel. — Der adeliche Flecken Friedrichshulde. 11) Der Cotbusische Kreis oder das

Weich-

Weichbild Cotbus und Peitz ist ein Theil der Niederlausitz, und von dieser ganz eingeschlossen. Dieser Kreis hat zwar mehrentheils nur einen leichten Boden, bauet aber doch guten Rocken und viel Hafer, mitunter auch sogar Weizen, hat auch gute Schafzucht, viel Fischerei, kleines Wild und Geflügel, und enthält 2 Städte und, die zum platten Lande gehörigen Vorstädte derselben mit eingeschlossen, zusammen 121, aber ohne jene Vorstädte eigentlich nur 116 Dörfer. Man bemerke darin: Die Immediat-Stadt Cotbus, an der Spree, treibt einen ansehnlichen Handel, hat mit den Vorstädten und dem Militär 6 bis 7000 Einwohner, ausgebreitete Tuch- und Leinwandmanufakturen, starke Brauereien, ansehnliche Gerbereien, und gehört überhaupt zu den nahrhaftesten Städten der Neumark. — Die kleine Immediat-Stat Peitz, am Flusse Malx, bei welcher wichtige Königl. Eisenhämmer sind. Die 3 Königl. Aemter Cotbus, Sylow (beide sind combinirt, und stehen unter der Churmärkischen Krieges- und Domänen-Kammer, contribuiren aber zur Neumark) und Peitz, haben eine einträgliche Teichwirthschaft, und versorgen Berlin mit einer großen Menge von Karpfen, so wie denn überhaupt die Cotbusische Gegend nicht bloß Fische, sondern auch mancherlei Viehzuchtsprodukte, viel kleines Wild an Hasen und Rebhühnern, auch viel Federvieh für die Consumtion der Hauptstadt liefert.

VI.

Das Herzogthum Pommern, Preußischen Antheils, nebst den Herrschaften Lauenburg und Bütow.

Hülfsmittel.

A. An Karten: S. oben bei der Churmark. — Als ein literarisches Monument der Herzoge von Pommern verdient hier auch eine ältere Karte, nämlich die für ihre Zeit prächtige Karte von Lubin, bestehend aus 12 Bogen, erwähnt zu zu werden. Sie hat zwar viele wesentliche Mängel, leistete aber doch für die damalige Zeit viel, und war lange die beste, auf welche sich alle übrige gründeten. Unter den neuesten Karten dieser Provinz zeichnen sich folgende aus: Karte des Königl. Preuß. Herzogthums Vor- und Hinter-Pommern, nach speciellen Vermessungen entworfen von D. Gilly, in Kupfer ausgeführt von D. F. Sotzmann, 1789. Sie bestehet aus 6 Sectionen oder zusammenhängenden Blättern, und ist eine der schönsten, vollständigsten und zuverlässigsten Karten, die man von irgend einem Theile der Preußischen Staaten hat. — Aus dieser Hauptkarte sind nun mehr oder minder die hier noch folgenden Karten dieser

dieser Provinz genommen. Karte vom Herzogthum Pommern, zu Wutstracks Beschreibung von dem Königl. Preuß. Herzogthum Vor- und Hinter-Pommern nach der Gillyschen Special-Karte entworfen von D. Fr. Sotzmann, gestochen von Jäck, 1794. — Special Karte vom Herzogthum Pommern, nebst den angränzenden Ländern von Mecklenburg, der Uker- und Neumark, West-Preußen und Netzdistrikt, nach den besten Zeichnungen und Karten entworfen, und nach den neuesten Kreis- und Distrikts-Eintheilungen des Hrn. Consistorial-Rath Brüggemann und des Hrn. Gadebusch herausgegeben 1792, von Sotzmann. Nürnberg, in der Schneider- und Weigelschen Kunsthandlung. Ein großer Bogen nebst 1 Bogen Register. Sotzmanns Atlas von den Königl. Preußischen Staaten No. X. und XI. — Das Herzogthum Pommern nach seiner jetzigen Abtheilung, aus den besten Hülfsmitteln und den neuesten astronomischen Beobachtungen entworfen von F. L. Güssefeld. Nürnberg, bei den Homannischen Erben, 1792. Ein Blatt. Karte vom Herzogthum Pommern, so wohl Schwedischen als Preußischen Theils, nach den bewährtesten Hülfsmitteln an gestochenen und gezeichneten Karten, der Brüggemannischen und Gadebuschischen Beschreibung, imgleichen den neuesten astronomischen Beobachtungen entworfen von F. L. G. (Güssefeld). Nürnberg, bei den Homannischen Erben, 1792. Zwei zusammenpas-

 sen-

sende Blätter, wovon das 2te eine Tabelle über die Beschaffenheit, Größe und Bevölkerung der Städte enthält.

B. An Büchern: Brüggemann's ausführliche Beschreibung des gegenwärtigen Zustandes des Königl. Preuß. Herzogthums Vor- und Hinter-Pommern. 2 Theile in 3 Bänden. Stettin, 1779 und 1784. 4. — Kurze historisch-geographisch-statistische Beschreibung von dem Königl. Preuß. Herzogthume Vor- und Hinter-Pommern. Herausgegeben von Christian Friedrich Wutstrack. Mit einer illuminirten Karte und 8 Kupfern. Stettin, 1793. — Der Nachtrag zu dem so eben genannten Werke von eben demselben Verfasser mit einer neuen illuminirten Karte von Pommern und einer Abbildung der Statue des Königs Friedrich II. zu Stettin, so wie auch mit einem Anhange. Stettin, 1795. — Dähnert's Pommersche Bibliothek, 5 Bände. 4. Greifswalde, 1750—1756. Gadebusch's Pommersche Sammlungen, 1783 f. und mehrere andere, sonderlich historische Werke eben dieses Verfassers über Pommern. — Gesterding's Pommersches Magazin. 5 Theile. 1774 f. — Oelrich's zuverlässige historisch-geographische Nachrichten vom Herzogthume Pommern und Fürstenthum Rügen. Berlin, 1771. 8., nebst mehreren anderen gründlichen Schriften eben dieses Verfassers über Pommern. — Hahn's und Pauli's Pommersches Archiv der Wissenschaften und des Geschmacks.

VI.

VI. Bände, mit Kupf. Stettin 1783 bis 1786. gr. 8. — Hertzberg's Magazin für die Geographie und Statistik der Königl. Preuß. Staaten. Berlin, 1791. Erstes Stück. Seite 49—74.

Lage, Gränzen und Größe. Das Königl. Preuß. Herzogthum Vor- und Hinter-Pommern gränzt gegen Mitternacht an die Ostsee und die Peene (durch welche letztere es von dem Schwedischen Vor-Pommern geschieden wird), gegen Abend an das Herzogthum Mecklenburg, gegen Mittag an die Ukermark, Neumark und Westpreußen, gegen Morgen ebenfalls an Westpreußen, und ist 442 Quadratmeilen groß, von welchen $422\frac{1}{2}$ auf das feste Land, $19\frac{1}{2}$ aber auf das große und kleine Haff nebst dem Achterwasser, so wie auf einige andere größere Landseen zu rechnen sind. Noch genauer beträgt die Größe von Vor-Pommern an festem Lande $90\frac{3}{8}$ und an Seen $16\frac{5}{8}$, zusammen also 107 Quadratmeilen, die Größe von Hinter-Pommern aber an festem Lande $332\frac{7}{8}$ und an Seen $2\frac{1}{8}$ zusammen also 335 Quadratmeilen, das ganze Preußische Pommern aber, wie oben bemerkt ist, 442 Quadratmeilen.

Natürliche Beschaffenheit. Das Land ist sehr flach und niedrig, und nur hin und wieder erheben sich einige Berge, unter welchen der Gollenberg, zwischen Cöslin und Zanow, der beträchtlichste ist. Die Hinterpommerschen Seeküsten sind ihrer ganzen Länge nach mit einer Reihe von Sandhügeln oder Dünen besetzt, und daher leiden die Strandgegenden durch Versandung der Aecker

 und

und Wiesen und auf andere Art zuweilen einen beträchtlichen Schaden. Indeß sind die Gegenden längs der Seeküste, der Weizacker bei Pyritz und Stargard, und ein guter Theil von Vorpommern sehr gesegnet und fruchtbar; aber der größte Theil der Provinz hat freilich nur mittlere und sandige Aecker, große, jetzt zum Theil urbar gemachte, Brücher, und viele Heideländer, welche letzteren aber durch Schaf- und Bienenzucht, und auf andere Art gut genutzt werden. Fast überall sind schöne und ausgebreitete Waldungen. — Der größte Fluß ist die Oder, welche die Gränze zwischen Vor und Hinterpommern macht, unterhalb Stettin den großen Dammschen See bildet, und sich dann in das frische Haff ergießt, welches durch drei Ausflüsse, nämlich durch die Peene, Schwine und Divenow, mit der Ostsee in Verbindung steht Die mittleren und kleineren Flüsse sind in Vorpommern: die Peene (hält die Gränze mit Schwedisch-Vorpommern), Trebel, Tollensee, Ueker, Randow und Welse (diese beiden letzteren Flüsse machen größtentheils die Gränze mit der Ukermark); in Hinterpommern, außer der Ihna und Plöne, welche beide, aus der Neumark kommend, in den Dammschen See fallen, die Rega, Persante, Grabow, Wipper, Stolpe, Lupow und Leba, welche alle der Ostsee zufließen. Auch verdienen hier noch bemerkt zu werden: die Drage, die im Königl. Amte Draheim entspringt, und die Küddow, die im Amte Bublitz entsteht; beide vereinigen sich (die erstere in der

Neu-

Neumark und die letztere in Westpreußen) mit der Netze. — Es sind auch viele große und kleine fischreiche Landseen vorhanden, z. B. die wegen ihrer Muränen bekannte Madüe im Pyritzischen Kreise u. s. w.

Landesprodukte. Getreide und Feldfrüchte aller Art (mehr als hinreichend), Flachs, Hanf, Taback, Gartenfrüchte, Obst (aus dem Stettinischen Hafen allein werden in guten Jahren 2 bis 3000 Tonnen Aepfel, die Tonne zu $2\frac{1}{2}$ Berlinischen Scheffel gerechnet, nach Riga und Petersburg verschiffet), Holz (immer noch ein wichtiger Ausfuhrartikel, wenn gleich nicht mehr so häufig als sonst), Viehzucht und Fischerei (zwei Hauptnahrungszweige dieser Provinz, indem der Pommersche Viehhandel, und die Pommerschen Gänse, Schinken und Würste eben so bekannt sind, als die Pommerschen Muränen, Lachse, Neunaugen, Aale und Bücklinge), Wolle, Bienenzucht (die Provinz hat im Jahr 1793 wenigstens für 30000 Rthlr. Honig auswärts debitiret). Seidenbau, Sumpf- und Moor-Erz in Vorpommern (zur Eisenfabrikation in Torgelow), Kalksteine, Mergel, Alaun-Erde in der Gegend von Stettin, an beiden Seiten der Oder, Salzquellen bei Colberg, der Gesundbrunnen zu Polzin, Torf (in solcher Menge, daß die sämmtlichen Torfmoore der Provinz jährlich ganz füglich 39 Millionen Stück Torf liefern können), etwas Bernstein, vorzüglich bei Stolpe u. s. w.

Manufakturen, Fabriken und Handel.

Die Tuch=, Rasch= und andere Woll=Manufakturen beschäftigen in den Städten viele Menschen. Im Jahr 1789 zählte man in allen Pommerschen Städten an Tuch=, Rasch= und Zeug=, ferner Hut= und Strumpfmachern, überhaupt also an Wollarbeitern 928 Meister und 586 Gesellen, und fabricirte unter andern 7576 Stück Tücher und 19097 Stück Zeuge, an Werth für 273992 Rthlr.; und im Jahr 1791 lieferten die Wollfabriken der Provinz an Fabrikaten für 296014 Rthlr. — Auf dem platten Lande, zum Theil auch in den Städten, wird viele gute und dauerhafte (so genannte eigengemachte) Leinwand verfertiget, und damit auf den großen Leinwandsmärkten zu Stargard, Alt=Damm, Schlawe, Groß=Sabow u. a. O. ein einträglicher Handel getrieben. Eine nicht geringe Menge dieser Waare (im J. 1790 etwa für 62000 Rthlr.) wird zur See ausgeführt, und eine noch größere Menge davon wird im Lande selbst, besonders auf den obgedachten Märkten für die Consumtion der Königl. Armee aufgekauft. — Seidene Waaren fabricirt man wenig oder gar nicht; und man versorgt sich damit aus den großen Fabriken der Mark Brandenburg. An baumwollenen Waaren fabricirte man im Jahr 1791, besonders in der Stadt Garz in Vor=Pommern, zusammen für 25565 Rthlr., und man muß auch den größten Theil dieser Fabrikate aus den großen Fabriken der Churmark beziehen. Uebrigens verdienen unter den Pommerschen Fabriken hier noch genannt zu werden: die nicht unwichtigen Loh= und Weiß=Gerbereien an meh=

mehreren Orten, ferner die großen Siedereien von schwarzer Seife, die Ankerfabrik und der Schiffbau in Alt-Stettin, wo man in diesen, so wie in mehreren andern wichtigen Fabriken, besonders auch Zeug-Manufakturen, jährlich für etwa 90000 Rthlr. Waaren verfertiget, das Königl. Eisenhüttenwerk zu Torgelow in Vorpommern, einige gute Glashütten, die Bernsteinfabrik in Stolpe u. s. w. Der Hauptsitz des Pommerschen Handels ist Stettin; aber auch einige andere Städte, z. B. Anclam, Demmin, Colberg, Treptow an der Rega, Rügenwalde, Stolpe u. s. w. treiben einen nicht unwichtigen Seehandel, obwohl dieser ungleich bequemer und ausgebreiteter seyn könnte und würde, wenn die Pommerschen Seehäfen tiefer und weniger versandet wären. In der ganzen Provinz waren nach geschlossener Schifffahrt im Jahr 1789, 267 Seeschiffe (wovon 122 der Stadt Alt-Stettin allein gehörten) und 186 Leichter-Schiffe vorhanden. Der Werth der aus allen Pommerschen Seehäfen und Städten (namentlich zu Stettin, inclusive Ueckermünde, Penamünde und Neuwarp, ferner zu Anklam, Demmin, Schwienemünde, Colberg, Rügenwalde, Treptow an der Rega in Hinter-Pommern und Stolpe) ausgeschifften Waaren betrug im Jahr 1789, 1633176 Rthlr. und im Jahr 1790 sogar 2055287 Rthlr., so wie der Werth, der in eben diese Häfen eingeführten Güter im Jahr 1789, 9743504 Rthlr. und im Jahr 1790, 4229450 Rthlr. ausmachte. Der gesammte Pommersche Aus- und Einfuhr-Handel zur See war also ein

Objekt im Jahr 1789 von 5376680 Rthlrn., und im Jahr 1790 sogar von 6284737 Rthlrn. Dieser so lebhafte Seehandel ist freilich wohl der wichtigste Zweig des gesammten Pommerschen Handels; aber auch der Oder-Handel von Stettin nach Frankfurt, Berlin, Breslau, u. s. w. und von diesen und andern Orten nach Stettin ist sehr wichtig, und eben so auch der Handel, den die Provinz mit den benachbarten Gegenden, besonders mit der Churmark zu Lande treibt, wohin sie Getreide, Wolle, Wollen-Garn, Vieh aller Art, Butter, Schinken, Speck, Honig, frische und geräucherte Gänse, frische eingesalzene und geräucherte Fische u. d. m., in nicht geringer Menge versendet. In Bezug auf den Pommerschen Seehandel ist übrigens noch Folgendes anzumerken. Unter den Einfuhr-Artikeln zeichnen sich besonders aus Weine aller Art, Material-Waaren, Eisen und Heringe u. s. w., unter den Ausfuhr-Artikeln aber Nutz- und Brennholz (im Jahr 1790 überhaupt etwa für 300000 Rthlr.), Leinwand (im Jahr 1790 überhaupt für 62142 Rthlr. 12 Gr.), Getreide (im Jahr 1790 für etwa 40000 Rthlr.), Salz (im Jahr 1790 aus Stettin für 666720 Rthlr.), Tücher und andere wollene Waaren (im Jahr 1790 für mehr als 600000 Rthlr.), frisches Obst (im Jahr 1790 für mehr als 10000 Rthlr.), Eisen und andere Metalle, Kram-Waaren, inländisches, Böhmisches und Mecklenburgisches Glas, Taback, Sensen, Tabacks-Pfeifen u. s. w.

Volks-

Volksmenge. Auch diese Provinz hat die Drangsale des siebenjährigen Krieges in vollem Maße erfahren, und doch hat sie sich durch die schleunige Hülfe und Königl. Gnade Friedrichs des Zweiten schnell genug erholt, und an Volksmenge seit 1763 merklich zugenommen. Im Jahr 1789 zählte man in dieser Provinz 56 Städte mit 16852 Häusern und Feuerstellen, und 103957 Einwohnern vom Civilstande, und 2131 Dörfer, und über 2000 Vorwerke mit 52491 Feuerstellen und 349273 Seelen. Es waren also in den Städten und auf dem platten Lande zusammen 69343 Feuerstellen, und 453230 Menschen vom Civilstande. Die in den Garnisonen befindlichen Weiber, Kinder und Bedienten vom Militär betrugen in eben diesem Jahr 13127 Seelen, mit deren Einschluß die gesammte Volksmenge (jedoch exclusive der in Reih' und Gliedern stehenden, für gewöhnlich in den Garnisonen bleibenden nicht beurlaubten Soldaten) 466357 Köpfe ausmachte. Im Jahr 1792 waren zusammen 457724 Civil-Einwohner vorhanden, von welchen 103602 in den Städten und 354122 auf dem platten Lande lebten. An Weibern, Kindern und Bedienten des Militärs in den Garnisonen zählte man 12391 Seelen, mit welchen die gesammte Volksmenge in diesem Jahre (jedoch excl. der wirklichen, nicht beurlaubten Soldaten) auf 470115 Köpfe stieg. Rechnet man die in den gewöhnlichen Garnisonen befindlichen Soldaten, und den (wegen der oben bei der Churmark schon angeführten Gründe nur unbedeutenden) Zuwachs der

der neuesten Jahre hinzu, so kann man das Totale der gegenwärtigen Volksmenge von Pommern etwa auf die runde Zahl von 488000 Seelen anschlagen.

Religion und Wissenschaften. In Absicht der Religion s. oben bei der Churmark. Zur Beförderung der Wissenschaften dienen vorzüglich die Gymnasien und Schulen zu Alt- und Neu-Stettin und Stargard, welche in einem guten Rufe stehen. Der junge Hinterpommersche Adel findet zu seiner ersten Ausbildung Gelegenheit in dem Cadettenhause zu Stolpe. —

Eintheilung des Landes. Die ganze Provinz wird eingetheilet in das Preußische Vor-Pommern (bestehet aus 5 Kreisen), in Hinter-Pommern (bestehet aus 18 Kreisen), mit Einschluß der Herrschaften Lauenburg und Bütow, welche wenigstens anhangsweise hierher gehören.

A. Das Preußische Vorpommern, und darin 1) der Randowsche Kreis enthält: Stettin oder Alt-Stettin an der Oder, Hauptstadt der ganzen Provinz, und besonders des Preußischen Vorpommerns, der Sitz vieler hohen Landes-Kollegien, hat mit dem Militär über 20000 Einwohner, ein akademisches Gymnasium, eine gute Stadtschule, viele wichtige Manufakturen und Fabriken, die jährlich für mehr als 90000 Rthlr. Waaren liefern, und eine treffliche Statüe des Königs Friedrich II. von weißem Carrarischen Marmor, mit der einfachen Inschrift: Friderico II. Pomerania MDCCXCIII., treibt einen ausgebreiteten See-

Seehandel und ist eine starke Festung. Ihr gehört die kleine Mediat-Stadt Pölitz; — die immediaten Städte Pasewalk, Garz (mit guten Baumwoll-Manufakturen), Alt-Damm (wichtig wegen des dortigen Leinwands-Marktes) und Gollnow (die beiden letzten Städte liegen schon auf der Ostseite der Oder, werden aber doch zu Vorpommern gerechnet). — Die adliche Mediat-Stadt Penkun. — Die 3 Königlichen Aemter Alt-Stettin, Jasenitz (beide unter Einem General-Pächter) und Pinnow. — 56 adl. Dörfer und Antheile an Dörfern, und 65 Vorwerke. — 2) Der Anclamsche Kreis enthält: die Immediat-Stadt Anclam an der Peene, hart an der Schwedischen Gränze, treibt guten Handel, hat auch einige wichtige Manufakturen, und mit der Garnison 4 bis 5000 Einwohner; — die Immediat-Stadt Ueckermünde; — die kleinen Königl. Mediat-Städte Jarmen und Neuwarp. — Die 6 Königlichen Aemter Stolpe, Clempenow (beide unter Einem General-Pächter), Spantekow, Ueckermünde, Torgelow (wichtig wegen des dortigen Königl. Eisenhüttenwerks) und Königsholland (diese 3 letzteren sind auch unter Einem General-Pächter vereiniget). — 45 adliche Dörfer und Antheile an Dörfern, und 72 Vorwerke. 3) Der Demminsche und Treptowsche Kreis enthält: die Immediat-Städte Demmin an der Peene (die hier die Trebel und Tollense aufnimmt), treibt einen guten Holz- und Korn-

Han-

Handel, und Treptow an der Tollense oder Alt-Treptow. — Die 4 Königl. Aemter Verchen, Treptow, Lindenberg und Loitz unter Einem General-Pächter. — 31 adliche Dörfer und Antheile an Dörfern, und 41 Vorwerke. — 4) Der Uesedomsche Kreis begreift die ganze Insel Uesedom, und darin: die Immediat-Städte Uesedom und Schwinemünde beim Ausfluß der Schwine in die Ostsee; die letztere ist bekannt wegen ihres wichtigen Hafens und Zolls, und hat gegen 2000 Einwohner, die größtentheils Seeleute, Lootsen, Schiffszimmerleute u. s. w. sind. — Das Königl. Amt Pudagla. — 16 adeliche Dörfer und Antheile an Dörfern, und 10 Vorwerke. — 5) Der Wollinsche Kreis oder die Insel Wollin, enthält die Immediat-Stadt Wollin am Divenowstrom, nahrhaft durch Fischerei und einige andere Gewerbe. Das Königl. Amt Wollin. — 7 adl. Dörfer und Antheile an Dörfern, und 8 Vorwerke.

B. Hinterpommern gehört ganz dem König von Preußen, und bestehet aus 18 Kreisen. Diese sind 1) der Greifenhagensche Kreis, und darin die Immediatstadt Greifenhagen an der Oder, nahrhaft durch Viehzucht, Fischerei und Tuchweberei; die Immediatstadt Bahn und die kleine offene jetzt Königl. Mediatstadt Fiddichow — 29 adliche Dörfer und Antheile an Dörfern und 24 Vorwerke, von welchen indessen auch mehrere zu der Herrschaft Schwedt (s. oben bei der Ukermark) gehören. 2) Der Pyritzische Kreis enthält: die

Im-

Immediatstadt Pyritz in dem gesegneten Weizacker mit einigen guten Wollmanufakturen, und die kleine Königl. Mediatstadt Werben. — Die 3 Königl. Aemter Pyritz, Colbatz (ein ehemaliges reiches Kloster) und Bernstein. — 72 adeliche Dörfer und Antheile an Dörfern und 97 Vorwerke. 3) Der Saziger, Freienwalde, Webel, und Pansin-Borcksche Kreis, und darin: die Immediatstadt Stargard an der Ihna, die Hauptstadt in Hinterpommern, schön und ansehnlich gebauet, liegt in einer fruchtbaren kornreichen Gegend, hat mit dem Militär etwa 8000 Einwohner, ein Collegium illustre, eine Realschule, ein Zuchthaus und mehrere gute Manufakturen, ist auch noch merkwürdig wegen der dortigen Marienkirche, die ein überaus hohes Gewölbe, vielleicht das höchste in ganz Deutschland, hat. — Die 3 kleinen Königl. Mediatstädte Massow, Jakobshagen und Zachan. — Die adeliche Mediatstadt Freienwalde. — Die 5 Königl. Aemter Friedrichswalde, Massow, Marienfließ (mit einem adelichen Fräuleinstift), Sazig (mit dem Dorfe Sazig, wovon der Kreis den Namen hat) und Dölitz — 66 adl. Dörfer und Antheile an Dörfern und 88 Vorwerke. — 4) Der Daber-Naugard- und Dewitzische Kreis mit der Königl. Mediatstadt Naugard und der adl. Mediatstadt Daber, — dem Königl. Amte Naugard mit dem wegen seiner Leinwandsmärkte bekannten Dorfe Groß-Sabow und 42 adelichen Dörfern und Antheilen an Dörfern und 49 Vorwerwerken. 5) Der Flemmingsche Kreis enthält: die nahrhafte Immediatstadt Cammin, nicht weit vom Einfluß der Divenow in die Ostsee, mit einer Domkirche und einem Domkapitel, und die beiden Königl. Städte oder Flecken Groß-Stepenitz und Gülzow. Die Königl. Aemter Stepenitz und Gülzow. — 50 adeliche Dörfer und Antheile an Dörfern und 60 Vorwerke. 6) Das Domkapitel Cammin mit 21 Dörfern und Antheilen an Dörfern und 1 Vorwerk. 7) Die Probstei Kuckelow mit 3 Dörfern und Antheilen an Dörfern und 1 Vorwerk. 8) Der Borksche Kreis (gehöret größtentheils den Herren von Bork), darin: die adeliche Stadt Labes an der Rega, mit einigen Tuch- und Raschmanufakturen, und nahrhaft durch Holzhandel u. s. w. — Die adelichen Städte Regenwalde an der Rega und Wangerin. 70 adeliche Dörfer und Antheile an Dörfern und 90 Vorwerke. 9) Der Greifenbergische Kreis und darin: die Immediatstadt Treptow an der Rega, auch Neu-Treptow, mit einem Schloß, in einer angenehmen und fruchtbaren Gegend, ist ziemlich gut gebauet, und nahrhaft durch Ackerbau, Viehzucht, einige Wollmanufakturen und etwas Seehandel, und die Immediatstadt Greifenberg an der Rega, mit einigen Woll- und Leinwandmanufakturen. — Die 3 Königl. Aemter Treptow, Suckow und Gülzhorst unter Einem Königl. General-Pächter. — 103 adliche Dörfer und Antheile an Dörfern und 145 Vorwerke. 10) Der Osten- und Blücher-

sche

sche Kreis mit dem adl. Mediatstädtchen Plate an der Rega, 26 adelichen Dörfern und Antheilen an Dörfern und 35 Vorwerken.

Anmerkung. Die bisher genannten 10 Kreise gehören unter den Gerichtssprengel der Landeskollegien zu Stettin, die noch folgenden 8 so genannten Hinter-Kreise gehören aber zu dem Gerichts-Sprengel der Landeskollegien zu Cöslin.

11) Der Fürstenthumsche Kreis begreift den größten Theil des Fürstenthums, ehemaligen Bisthums, Cammin, und darin: die Immediatstadt Colberg, gut gebauet, eine wichtige Festung und Handelsstadt, nicht weit vom Einfluß der Persante in die Ostsee, hat mit dem Militär über 5000 Einwohner, gute Tuch- Rasch- und Flanellmanufakturen, ein Domkapitel und Jungfernkloster, und ist auch wegen ihrer Salzquellen und der drei Belagerungen durch die Russen im siebenjährigen Kriege merkwürdig. Die Immediatstadt Cößlin am Fuß des Gollenberges, eine kleine Meile von der Ostsee, ist gut und regelmäßig gebauet, und der Sitz der Landeskollegien für die hintern Kreise von Hinterpommern, hat mit der Garnison etwa 4000 Einwohner und einige gute Manufakturen. — Die kleinen Königl. Mediatstädte Cörlin an der Persante (mit guten Tuch- und Raschmanufakturen), und Bublitz. Die 5 Königl. Aemter Colberg, Cöslin und Casimirsburg (beide unter Einem General-Pächter), Bublitz und Cörlin. — 139 adl. Dörfer und Antheile an Dörfern

 und

und 226 Vorwerke. 12) Das Domkapitel Colberg mit 11 Dörfern und Antheilen an Dörfern. — 13) Der Belgard-Polzinsche Kreis mit der Immediat-Stadt Belgard und der adl. Mediat-Stadt Polzin; erstere ist bekannt wegen ihrer großen Viehmärkte, und letztere wegen ihres Gesundbrunnens und ihrer Wollmanufakturen. Das Königl. Amt Belgard. — 89 adl. Dörfer und Antheile an Dörfern, und 160 Vorwerke. — 14) Der Neu-Stettinische Kreis, zu welchem gehören: die Immediat-Stadt Neu-Stettin mit einem Gymnasium und einigen guten Manufakturen; — die Immediat-Stadt Tempelburg; — die Immediat-Stadt Ratzebuhr hat wichtige Tuchmanufakturen, die jährlich im Durchschnitte für 48000 Rthlr. Tücher absetzen; — die kleine adliche Mediat-Stadt Bärwalde; — die beiden Königl. Aemter Neu-Stettin und Draheim, letzteres mit dem Schlosse Draheim — 76 adl. Dörfer und Antheile an Dörfern, und darunter die von Hertzbergschen Güter Lottin u. s. w., und 163 Vorwerke. — 15) Der Schlawische und Pollnowsche Kreis enthält: die Immediat-Stadt Rügenwalde an der Wipper, die sich eine Viertelmeile von hier in die Ostsee ergießt, mit einem Schloß, hat einen ziemlich guten Hafen und ziemlich wichtigen Seehandel, auch mancherlei nützliche Manufakturen. — Die Immediat-Stadt Schlawe hat einige Manufakturen und einen sehr wichtigen Leinwandsmarkt. — Die Immediat-Stadt Zanow und die adl. Mediat-Stadt Pollnow. Das Königl. Amt Rügenwalde. —

92 adl. Dörfer und Antheile an Dörfern, und 110 Vorwerke. — 16) Der Stolpische Kreis enthält: die Immediat-Stadt Stolpe, in einer angenehmen Gegend am Stolpefluß (worin ein guter Lachsfang), hat mit der Garnison gegen 5000 Einwohner, ein Cadettenhaus, mancherlei wichtige Woll- und andere Manufakturen, eine bekannte Bernstein-Fabrik, und einen nicht unwichtigen Seehandel. Der Stadt gehört der Flecken Stolpemünde, am Einfluß der Stolpe in die Ostsee. — Das Königl. Amt Stolpe. — Das Königl. Amt und fleckenähnliche Dorf Schmolsin mit dem Berge Revekuhl, wohin in päbstlichen Zeiten viel gewallfahrtet wurde. 171 adl. Dörfer und Antheile an Dörfern, und 249 Vorwerke. — 17) Der Rummelsburgische Kreis mit der adelichen Mediat-Stadt Rummelsburg, mit wichtigen Wollmanufakturen, die viele grobe Tücher, gute Friese, Boy und Pferdedecken, auch Rasche u. s. w. verfertigen, und größtentheils in Westpreußen absetzen. — 84 adl. Dörfer und Antheile an Dörfern, und 120 Vorwerke.

C. Die Herrschaften Lauenburg und Bütow, welche ehemals zu Polen gehörten, werden jetzt auch zu Pommern gerechnet, ob sie gleich in Absicht der Justiz-Verfassung der Provinz Westpreußen zugelegt worden sind. Sie machen 18) den Lauenburg- und Bütowschen Kreis aus, und enthalten die Immediat-Städte Lauenburg an der Leba, und Bütow, und die offene Königl. Mediat-Stadt Leba, alle drei nahrhaft durch einige Manufakturen und etwas Handel. — Die 2 Königl. Aemter Lauenburg und Bütow 126 adl. Dörfer und Antheile an Dörfern, und 321 Vorwerke. —

VII.

Das Herzogthum Magdeburg, nebst der Grafschaft Mansfeld, Magdeburgischen Antheils.

Hülfsmittel.

A. An Karten: Die neue Güssefeldische Karte vom Niedersächsischen Kreise, in der Homannischen Officin, vom Jahr 1784. Das Herzogthum Magdeburg und die Grafschaft Mansfeld, von Güssefeld 1784. — Sotzmanns Atlas von den K. Pr. Staaten, No. III.

B. An Büchern: Topographische Beschreibung des Herzogthums Magdeburg und der Grafschaft Mansfeld, Magdeburgischer Hoheit, von Carl Ludewig v. Oesfeld. Berlin, bei Wever, 1780, 8. — Ausführliche topographische Beschreibung des Herzogthums Magdeburg und der Grafschaft Mansfeld, Magdeburgischen Antheils (von Heineccius). Berlin, bei Decker 1785, gr. 4. — Magdeburgische gemeinnützige Blätter, 4 Bände, von 1789 — 1791. Magdeburg, im Verlage der Pansaischen Buchdruckerei, 8. —

Pa-

Patriotisches Archiv für das Herzogthum Magdeburg, 3 Bände, von 1792 u. 1793. Magdeburg, in der Pansaischen Buchdruckerei, 8. — Unterhaltende topographische und statistische Beschreibung einer Sommer-Reise durch die Provinzen Magdeburg, Braunschweig, Halberstadt, Quedlinburg und Barby, 3 Theile, Halle bei Hendel 1791, 8. — Mehrere hierher gehörige lehrreiche Aufsätze und Nachrichten in dem älteren und neuen geographischen Magazin des Herrn Prof. Fabri. — Die bekannte Dreihauptsche Beschreibung des Saalkreises u. dergl. m. —

Lage, Gränzen und Größe. Der größte Theil des Herzogthums liegt an der Elbe, und gränzt gegen Abend an die Fürstenthümer Wolfenbüttel und Halberstadt, gegen Mitternacht an die Altmark und Prignitz, gegen Morgen an die Mittelmark, und gegen Mittag an Chursachsen und das Fürstenthum Anhalt. Durch dies letztere wird der kleinere Theil des Landes, der an der Saale liegt, von dem übrigen Herzogthum geschieden, und ist also von den Anhaltischen und Chursächsischen Landen umgeben. Die Größe der ganzen Provinz beträgt 104 Quadrat-Meilen.

Natürliche Beschaffenheit. Unter den wenigen Bergen des Landes zeichnen sich vorzüglich die Mansfeldischen Gebirge, und der Petersberg im Saalkreise aus. Das Klima ist zwar gemäßigt; man empfindet aber hier doch den Einfluß der Nachbarschaft des Harzes. — Der größte Fluß ist die Elbe, welche bei Saalhorn die Saale, und unterhalb Sandau die Havel aufnimmt, und mit dieser letzteren auch durch den Plauenschen Kanal noch näher verbunden ist. Einige kleinere Flüsse sind: Die Bude, Aller, Ohre, Ihle und Stremme. Unter den wenigen Landseen sind der salzige und der süße See in der Grafschaft Mansfeld bemerkenswerth. Mit erheblichen Waldungen ist nur der nördliche Theil des Landes versehen; aber der größte Theil des Holzkreises und der Saalkreis leidet Mangel daran. Der Boden ist in dem größten Theil des Holzkreises, die Börde genannt, in dem Saal- und Mansfeldischen Kreise überaus fruchtbar, im Jerichowschen und Ziesarschen Kreise aber nur von mittlerer und geringerer Güte.

Landesprodukte. Getreide aller Art (besonders Weizen in dem Holz-, Saal- und Mansfeldischen Kreise) in großem Ueberfluß. Die Kornausfuhre in Mittel Jahren bringt bloß nach der Kammertaxe, den Wispel Weizen zu 20 Rthlr., Rocken zu 17 Rthlr., Gerste zu 14 Rthlr. und Hafer zu 8 Rthlr. gerechnet, für Weizen 230740 Rthlr., für Rocken 246585 Rthlr., für Gerste 231588 Rthlr. und für Hafer 96816 Rthlr., überhaupt also 805729 Rthlr. — und also nach dem wahren Werth und gegenwärtigen Preisen gewiß über 1 Million Rthlr. — in die Provinz; viel Winter- und Sommer-Rübsaat (Es werden davon jährlich im Durchschnitt 3310 Wispel und 2 Scheffel geerntet), Kartoffeln, Flachs (jährlich etwa 40000 Stein), Taback in dem Jerichowschen Kreise und dem zweiten

und

und dritten Distrikt des Holzkreises; — viel Kümmel bei Halle im Saalkreise, — Obst und Gartenfrüchte im Ueberfluß, — Holz (aber nur in dem nördlichen Theil des Landes in Menge, dagegen man im Saalkreise und in der Börde daran Mangel hat, und Torf und Stroh brennen muß), — hinreichende Viehzucht, Wolle, Bienenzucht, Seidenbau, Fischerei (vorzüglich wichtig ist der Lachs- und Schnäpel-Fang in der Elbe), fette Lerchen (die im Herbste bei Halle von den Halloren gefangen, und unter dem Namen der Leipziger Lerchen häufig verschickt werden), unerschöpflich reiche Salzquellen zu Halle, Großen- und Alten-Salze und Staßfurth, aus welchen nicht nur alle Königl. Preuß. Provinzen diesseits der Weser, sondern auch noch mehrere benachbarte Länder mit Salz versorgt werden, Steinkohlen im Saalkreise bei Wettin, Löbegün und Dölau (jährlich über 100000 Scheffel für die Salzsiederei in Halle), vererdetes Holz, oder sogenannte Braunkohlen bei Alten-Weddigen im Holzkreise; — Torf; — silberhaltige Kupferschiefer im Saal- und Mansfeldischen Kreise, aus welchen zu Rothenburg an der Saale jährlich über 4000 Centner Kupfer und 3000 Mark Silber geschmolzen werden, so wie seit 1788 auch ein solches Kupferschiefer-Werk bei Alvensleben im Holz-Kreise, das aber freilich in Absicht der Ausbeute dem Rothenburgischen auf keine Weise beikömmt, bearbeitet wird; schöne und viele Steinbrüche im Holz-, Saal- und Mansfeldischen Kreise, wel-

welche Mühlensteine, und Werkstücke für die Königl. Bauten liefern, — mehrere Kalksteinbrüche, ganze Felsen von Porphyr (z.B. der Petersberg), etwas Marmor, Gyps, viel Salpeter, gute Thonarten zu mancherlei Töpferarbeit, Tabackspfeifen, Fayance, zum Walken, u. s. w. — echter Porzellänthon bei Bennstedt in der Grafschaft Mansfeld und bei Hötensleben im Holz-Kreise, der zu Wasser nach Berlin gebracht wird.

Manufakturen, Fabriken und Handel. Vorzüglich wichtig sind die Tuch- und Woll-Manufakturen in den Städten Magdeburg, Burg, Calbe, Halle, Neu-Haldensleben, Loburg, Ziesar u. s. w., welche die meisten Arten gangbarer wollener Zeuge, nämlich Tuch, Fries, Multum, Flanell, Strümpfe u. s. w. in großer Menge liefern, und im Jahr 1779 118238½ kleine Stein Wolle — der kleine Stein zu 11 Berliner Pfund gerechnet — verarbeiteten. Die Leinwandmanufakturen sind verhältnißmäßig minder erheblich. In mehreren Fabriken zu Magdeburg und Halle verfertiget man viele seidene Strümpfe, mancherlei seidene, wollene, halbwollene und leinene Bänder, allerlei baumwollene und halbseidene Zeuge, feine Handschuhe und Hüte, Fayance und Steingut, u. d. m. Auch macht man in Halle und Glaucha viel Weizenmehl, Puder und Stärke, und treibt damit einen ausgebreiteten Handel. Endlich verdienen hier noch die Papier- und Oel-Mühlen erwähnt zu werden, da besonders die ersteren in den Hallischen und benachbarten Sächsischen Buchdruckereien einen starken Absatz haben.

Die

Die Salzschiffahrt allein beschäftiget ein Paar hundert Schiffsgefäße; der übrige Handel der Provinz wird hauptsächlich von Magdeburg aus betrieben, und durch die Stapel- und Niederlagsgerechtigkeit dieser Stadt nicht wenig befördert.

Volksmenge. Die Provinz enthält 36 Städte und 847 Dörfer, unter welchen 364 Königliche sind, die zu 35 Aemtern gehören. Im Jahr 1784 zählte man mit dem Militär 280332 Einwohner; und jetzt leben hier etwa 300000 Seelen. Eine starke Bevölkerung! die aber den vielen hier vereinigten Gewerben und Nahrungszweigen vollkommen angemessen ist; daher die Einwohner, im Ganzen genommen, sich gut und reichlich nähren.

Religion und Wissenschaften. Die Evangelisch-Lutherische Kirche ist zwar die herrschende; aber es sind auch mehrere Französische und Deutsche reformirte Gemeinden im Lande. Auch besitzen die Katholiken noch 5 Klöster, und sie dürfen in Magdeburg und Halle stillen Gottesdienst halten. Die Juden haben in Halle eine Synagoge. Von dem blühenden Zustande der Wissenschaften und Künste in dieser Provinz zeugen: die berühmte von dem Churfürsten Friedrich III., nachmaligen Könige Friedrich I., im Jahr 1694 gestiftete Friedrichs-Universität in Halle, — die eben daselbst und in Magdeburg befindlichen vortrefflichen gelehrten Schulen und Erziehungsanstalten, — die vielen würdigen Gelehrten dieser Provinz, und die zahlreichen Bibliotheken, Buchhandlungen und Buchdruckereien in derselben. —

Eintheilung des Landes. Das ganze Herzogthum wird in nachfolgende 5 Kreise getheilt:

A. Der Holzkreis, liegt an den Flüssen Elbe, Saale und Bude, und macht den fruchtbarsten Theil des Herzogthums aus. Er besteht aus 3 Distrikten, von welchen ein jeder einem besondern Landrath untergeordnet ist, und enthält 8 Immediat-Städte, 8 Mediat Städte, 19 Königliche Aemter, das Hessen-Homburgische Amt Oebisfelde, und 251 größere und kleinere Dörfer und Ortschaften. Die wichtigsten Städte und Ortschaften darin sind folgende. 1) Im ersten Distrikte dieses Kreises, in welchem 11 Städte, 11 Königliche Aemter, und 95 große und kleine Dörfer und Ortschaften befindlich sind, merke man die immediate Stadt Magdeburg an der Elbe, die Hauptstadt der ganzen Provinz. Sie besteht aus 5 Theilen, nämlich der Altstadt-Magdeburg, dem Neuenmarkt und den 3 Vorstädten, der Thurmschanze oder Friedrichsstadt, der Sudenburg und der Neustadt *), und zählt in diesen verschiedenen Theilen über 3000 Häuser, und mit der starken Garnison über 30000 Einwohner. Sie ist eine wichtige Handelsstadt, eine der stärksten Festungen Deutschlands, der Sitz der Landesregierung, des Konsistoriums, der Krieges- und Domänen Kammer und mehrerer anderen für diese Provinz angeordneten Lan-

*) Die Sudenburg und die Neustadt sind aber eigentlich 2 besondere unter dem Königl. Amte der Möllenvogtei stehende Landstädte, von welchen die erstere zum ersten, die letztere aber zum zweiten Distrikt des Holzkreises gehört.

Landeskollegien, hat sehr wichtige Manufakturen und Fabriken (s. oben), die im Jahr 1775 für 366703 Rthlr. Waaren verfertigten, viele gelehrte und Volksschulen, auch eine Handlungsschule, und ist noch merkwürdig wegen ihrer berühmten Domkirche, und ihres traurigen Schicksals im dreißigjährigen Kriege, in welchem sie 1631 von den Kaiserlichen erobert, und fast gänzlich verbrannt und zerstört wurde. — Das evangelische Schul-Kloster Bergen vor Magdeburg auf einer Höhe, eine berühmte Schulanstalt. — Acken, eine immed. Stadt an der Elbe. — Calbe, eine immed. Stadt an der Saale, hat wichtige Woll-Manufakturen, die 1779 überhaupt 6964 Stück Friese, 3 Stück Tuch und 37 Stück Flanelle verfertiget hatten. — Die Städte Schönebeck an der Elbe, Großen-Salze nebst dem Flecken Alten-Salze, sonst Elmen genannt, und die Stadt Staßfurth an der Bude sind wegen ihrer Salzquellen und Salzsiedereien allgemein bekannt. — Die Städte Egeln und Hadmersleben an der Bude, Frose an der Elbe und Wanzleben. — Folgende 11 Königl Aemter: Das A. der Möllenvogtei in der Altstadt Magdeburg, — das Amt Calbe, — das A. Acken, — das A. Athensleben, — das Amt Brumby, — das Amt Egeln, — das A. Gottesgnade, — das A. Rosenburg, — das A. Schönebeck, — das A. Staßfurth — und das A. Wanzleben.

2) Der zweite Distrikt enthält 2 Mediatstädte, 5 Königl. Aemter, und 71 Dörfer und andere Ortschaften. Man bemerke, außer der Neustadt Magde-

deburg (s. oben); die kleine Stadt Seehausen, die Königl. Aemter Dreyleben, Ampfurth, Schermke, Ummendorf und Sommerschenburg, das Lutherische Jungfrauen-Klost-r Marienborn und das wegen seiner wilden Baumzucht bekannte adliche Gut Harpke. 3) Der dritte Distrikt mit 3 Städten, 3 Königl. Aemtern, und 85 Dörfern und Ortschaften, enthält die beiden Immediat-Städte Neu-Haldensleben an der Ohre, nahrhaft durch Tuchmacherei, und Oebisfelde an der Aller, — ferner die Königl. Mediat-Stadt Wollmirstädt an der Ohre mit einem adlichen Fräulein-Stift. — Folgende Königl. Aemter: das Amt Alvensleben mit den Dörfern Mark und Dorf Alvensleben, und einem seit 1789 wieder aufgenommenen, aber nicht sonderlich ergiebigen Kupferschiefer-Bergwerk, — das A. Hillersleben und das A. Wollmirstädt, — das Hessen-Homburgische Amt Oebisfelde *).

B. Der Jerichowsche Kreis an der Ostseite der Elbe ist in zwei Distrikte unter eben so viel Landräthen getheilt, und enthält 3 Immediat-Städte, 4 Mediat-Städte, 6 Königl. Aemter und 225 große und kleine Dörfer. Zu merken sind: 1) im ersten Dis-

*) Die Stadt und das Amt Oebisfelde haben einigen Antheil an dem benachbarten Drömling, einem sehr großen mit Holz bewachsenen, jetzt aber zum Theil urbar gemachten Bruche, das größtentheils zur Altmark, zum Theil aber auch den benachbarten Magdeburgischen und Braunschweigischen Gegenden gehört, wie schon oben bemerkt worden

Distrikte, die Immediatstadt Burg an der Ihle, von 1075 Häusern, 200 Scheunen und etwa 5000 Einwohnern, nahrhaft durch ausgebreitete Wollmanufakturen (die jährlich an 8000 Stück Tuch verfertigen), Ackerbau, Viehzucht, Tabacksbau, Brauerei und Branntweinbrennerei, — die immediate Stadt Loburg, — die kleinen adlichen Mediat-Städte Görzke und Möckern, — das Königl. Amt Loburg, und 74 Dörfer und Ortschaften. — 2) Im zweiten Distrikte, die immediate Stadt Sandau an der Elbe, — die Königlichen Mediat-Städte Genthin und Jerichow, — die 5 Königlichen Aemter Alten-Platho, Jerichow, Sandau, Derben und Ferchland, — das adl. Dorf Parey an der Elbe, wo der Plauensche Kanal seinen Anfang nimmt, welcher bei Plauen in der Havel sich endiget. Noch 150 Dörfer und andere Ortschaften. —

C. Der Ziesarsche Kreis, der kleinste von allen, ist erst seit 1773 statt des Luckenwaldischen Kreises, der eigentlich hierher gehört, dieser Provinz zugelegt worden, und enthält: das Königl. Amt Ziesar mit der kleinen Stadt Ziesar, worin mehrere Tuchmacher, ferner den adelichen Flekken Leizkau (bekannt wegen seines trefflichen Brolhahns), und 63 Dörfer und andere Ortschaften.

D. Der Saalkreis, an der Saale, enthält in 2 Distrikten, die aber unter Einem Landrath vereiniget sind, Eine Immediat-Stadt, 6 Mediat-Städte, 6 Königl. Aemter, das Fürstlich-Anhaltische Amt Alsleben, und 174 Dörfer und andere Ortschaften.

zu merken sind, 1) im ersten Distrikte: Halle, mit dem Beinamen in Sachsen oder im Magdeburgischen, eine Immediat-Stadt am rechten Ufer der Saale, hat mehrere Vorstädte, unter welchen die Giebichensteinschen Amtsstädte Glaucha und Neumarkt die wichtigsten sind, gegen 2200 Häuser, und mit der Garnison über 22000 Einwohner, reiche Salzquellen, ausgebreitete Königl. und Privat-Salzsiedereien, worin die Halloren arbeiten, sehr wichtige Manufakturen und Fabriken (s. oben), eine stark besuchte Universität, ein weitläuftiges und sehr wohlthätiges, von August Herrmann Franke gestiftetes Waisenhaus in Glaucha, und mehrere andere gute Schulanstalten. — Das Königl. Amt Giebichenstein mit dem Pfarrdorfe gleiches Namens an der Saale, und einem vormals berühmten, jetzt aber verwüsteten Schlosse, von dessen Felsenhöhe man eine reizende Aussicht hat. Dies Amt ist das wichtigste im ganzen Herzogthum und vielleicht in den gesammten Königlichen Staaten; denn es begreift 4 Städte, 55 Dörfer, 6 Vorwerke und etliche und zwanzig einzeln gelegene kleine Orte, als Mühlen, Gasthöfe u. s. w. — Das bekannte adliche Dorf und Rittergut Dieskau. — 2) Im zweiten Distrikte: die Königl. Mediat-Städte Cönnern, Löbegün und Wettin, — die Fürstlich-Anhalt Dessauische Mediat-Stadt Alsleben, — die Königl. Aemter Beesen, Brachwitz, Wettin, Petersberg und Rothenburg, und in diesem letzteren das Dorf Rothenburg mit einem Ober-Bergamt und Kupferschiefer-Bergwerk.

E, Die

E. Die Grafschaft Mansfeld, Magdeburgischen Antheils (welcher Antheil etwa $\frac{2}{5}$ der ganzen Grafschaft ausmacht), an der Saale, enthält in 2 Distrikten, die unter Einem Landrath stehen, 4 Städte, 5 Königl. Aemter, 6 Aemter des Prinzen Ferdinand, 7 adl Aemter, und 126 Dörfer und Ortschaften. Die beiden Distrikte heißen: der Mansfeldische und Schraplauer Distrikt. In dem ersteren liegen die immediaten Städte Mansfeld, Leimbach und die beiden Königl. Aemter, das A. Kloster-Mansfeld und das Unter-Amt Friedeburg mit dem Dorfe und Schloß Friedeburg und der Mediat-Stadt Alt-Stadt Gerbstädt, und in dem letzteren die prinzliche Mediat-Stadt Schraplau in dem Oberamte gleiches Namens, und die 3 Königl. Aemter, das Oberamt Friedeburg, das Amt Helfta und das Amt Holzzelle.

VIII.

Das Fürstenthum Halberstadt, nebst den Grafschaften Hohnstein und Wernigerode und der Abtei Quedlinburg.

Diese vier kleinen mit einander gränzenden Provinzen sind zusammen ungefähr 44 Quadratmeilen groß, und enthalten, nach den neuesten und wahrscheinlichsten Angaben, mit Inbegriff des gesammten Militärs etwa 152000 Einwohner. Ich will sie nun einzeln beschreiben.

A. Das

A. Das Fürstenthum Halberstadt.

Hülfsmittel.

1) An Karten. Die neue Güssefeldische Karte vom Niedersächsischen Kreise. — Karte vom Fürstenthum Halberstadt, den Grafschaften Wernigerode und Hohnstein und der Abtei Quedlinburg, bearbeitet von Treuer 1788. — Sotzmanns Atlas von den Königl. Preußischen Staaten, No. IV. — Auch die Homannische Karte von diesem Fürstenthum ist recht gut und brauchbar.

2) An Büchern. Topographische Tafel von dem Zustande des Fürstenthums Halberstadt, der Grafschaften Reinstein und Wernigerode, auch Herrschaft Derenburg, imgleichen der dazu gehörigen Herrschaften Weferlingen und Hasserode, 1775, im Magazin für die neue Historie und Geographie von Büsching, Theil XIV. S. 251 f. f. — Eben diese Tabelle, jedoch mit den erforderlichen Zusätzen vermehrt, ist auch zu finden in Lucanus Beiträgen zur Geschichte des Fürstenthums Halberstadt (2 Hefte. Halberstadt, 1784 und 1788), Heft 1. S. 46 f. f. — Beide Tabellen muß man, der größeren Vollständigkeit und Richtigkeit halber, noch vergleichen mit den „zuverläßigen Nachrichten vom neuesten Zustande des Fürstenthums Halberstadt, von einem, seinem Berufe nach, landeskundigen Manne im Jahr 1783 aufgesetzt u. s. w. in dem Magazin für Deutsche Geschichte und Statis-

ristik. (Leipzig, bei Weidmanns Erben und Reich) 1784, 8. Theil 1. No XIX. S. 281. f. f. — Die oben bei Magdeburg schon angeführte topographisch-statistische Beschreibung einer Sommerreise durch die Provinzen Magdeburg, Halberstadt u. s. w. — Folgende zu Halberstadt erschienene Provinzial-Wochenblätter: Der Bürger. 1779 und 1780. — Halberstädtische gemeinnützige Blätter, herausgegeben von der literarischen Gesellschaft zu Halberstadt, von 1785—1788. 3 Jahrg. Gemeinnützige Blätter, von der lit. Gesellschaft zu Halberstadt, 3 Jahrg., von 1788 bis 1791. — Neue gemeinnützige Blätter. Herausgegeben von der lit. Gesellschaft zu Halberst. von 1791—1796. 5 Jahrgänge. — Diese sämmtlichen gemeinnützigen Blätter sind zum Besten der Armen gedruckt und verkauft worden. — Mehrere gute Aufsätze in Fabri's älterem und neuerem geographischen Magazin u. s. w.

Lage, Gränzen und Größe. Das Fürstenthum Halberstadt ist von der Altmark, dem Herzogthum Magdeburg, dem Fürstenthum Anhalt, der Grafschaft Mansfeld, der Abtei Quedlinburg, dem Fürstenthum Blankenburg, der Grafschaft Wernigerode, dem Bisthum Hildesheim und den Braunschweig-Wolfenbüttelschen Landen umgeben, und 28 Quadratmeilen groß, wovon auf den an der Altmärkischen Gränze, von dem übrigen Fürstenthum abgesondert, belegenen Weferlingischen Kreis, etwas mehr als 2 Quadratmeilen kommen mögen.

Natürliche Beschaffenheit. Das Land bestehet größtentheils aus einer weiten Ebene, wenn es gleich in der Nachbarschaft des Harzes liegt. Es hat hin und wieder Hügel, aber wenig eigentliche Berge. Die größten Berge liegen in der Grafschaft Regenstein. Der Hakel, Huy und Fallstein sind schöne waldige Vorberge. Die vornehmsten Flüsse sind die Bode oder Bude, welche die Selke u. Holzemme aufnimmt, die Ilse, die Aller u. die Wipper, welche letztere bei Aschersleben die Eine aufnimmt. Der Boden ist, das Amt Weferlingen ausgenommen, überall sehr fruchtbar und das beste Weizenland.

Landesprodukte. Getreide und Hülsenfrüchte aller Art, wovon man eine große Menge theils nach dem Harz, theils über Magdeburg die Elbe hinab ausführt. Flachs, in großer Menge und von vorzüglicher Güte. Es werden jährlich in der ganzen Provinz 11 bis 12000 Morgen mit Flachs bestellt, und vorzüglich zeichnen sich Schwanebeck und Kroppenstedt unter den Städten, und Harsleben unter den Dörfern durch den Flachsbau aus. Im Jahe 1789 hat Kroppenstedt 711 Morgen, Schwanebeck 690 Morgen, und Harsleben 540 Morgen mit Lein besäet. — Winter- und Sommer-Rübsaat. — Gartenfrüchte. — Anis und Kümmel wird besonders bei Westerhausen und Schwanebeck, und Hopfen vorzüglich bei Hornburg gebauet. — Holz, lange nicht hinreichend, daher man Torf, Stroh und Stoppeln brennen muß. Die Waldungen enthalten übrigens fast lauter hartes Holz, als Eichen, Buchen u. s. w., bis auf die

die Hasseröder Forst, wo fast lauter Tannenholz ist. — Rindviehzucht, welche durch die vielen schönen Wiesen und Weiden an den Flüssen, in dem abgelassenen Gaterslebischen See, und besonders in dem großen abgetrockneten Bruch, welches das Heumagazin des Landes ist, und sich durch die ganze mitternächtliche Seite des Fürstenth. von Hornburg bis Oschersleben, und dann weiter ins Magdeburgische erstreckt, sehr begünstiget wird. Ueberhaupt ist die Viehzucht ansehnlich, besonders die Schafzucht, daher auch im Lande selbst ein beträchtlicher Verkehr mit Wolle getrieben wird; eben so auch bei den vielen Brauereien die Schweinezucht, die den Einwohnern viel Fleisch und Würste liefert. An Wild und wildem und zahmen Geflügel ist kein Mangel, wohl aber an Fischen. — Auch die Bienenzucht ist erheblich, und die Provinz zieht allein für Wachs und Wachslichter jährlich etwa die Summe von 3750 Reichsthalern. — Der Seidenbau liefert jährlich ungefähr 125 Pf. reine Seide. — An Mineralien finden sich hier Torf, besonders bei Westerhausen und Schadeleben; etwas Steinkohlen bei Meisdorf und Hornhausen, Sand- und Kalck-Steine, Salpeter u. s. w.

Manufakturen, Fabriken und Handel. Die Woll-Manufakturen, die ihren Sitz besonders in den drei Hauptstädten Halberstadt, Aschersleben und Osterwick haben, sind von Erheblichkeit, und die Leinwand-Fabrikation ist über das ganze Land verbreitet, wenn sich gleich

Osterwick und das Dorf Hornhausen ganz vorzüglich darin auszeichnen. Auch die Spinnerei und das Gewerbe mit Leinen Garn, welches häufig nach Braunschweig ausgeführt wird, und mit Wollengarn für die inländischen und andere Brandenburgischen Manufakturen ist wichtig. In einem der neueren Jahre wurden aus den beiden Provinzen Halberstadt und Hohnstein für mehr als 160000 Rthlr. an wollenen Waaren und Garn, und für mehr als 110000 Rthr. an Leinen Waaren und Garn außerhalb Landes und in andere Königliche Provinzen verkauft. Nach einer andern Angabe geben die Wollfabriken der Provinz allein im Durchschnitt einen jährlichen Ertrag von mehr als 200000 Rthlrn., und die Verarbeitung des Flachses soll, mit Einschluß der Grafschaft Wernigerode, jährlich an 6000 Menschen und 2000 Leinweberstühle beschäftigen. Noch verdienen unter den hiesigen Fabriken genannt zu werden: die weißen Handschuh- und Dänischen Lederfabriken in der Stadt Halberstadt. — Das Königl. Blechhütttenwerk zu Thale und das Königl. Blaufarbenwerk zu Hasserode. Die Ausfuhr des Landes besteht übrigens in Getreide, Garnen, Wollenwaaren, Leinwand, Leder, Eisen-, Blech- und Blaufarbenwaaren. —

Volksmenge. Das Fürstenthum begreifet 3 so genannte Hauptstädte, 10 kleine Städte, 103 großentheils sehr ansehnliche und volkreiche Flecken und Dörfer, und außerdem noch mehrere Vorwerke und kleinere Ortschaften, und mit dem Militär 100000 Einwohner. Es leben hier also auf einer jeden der 28 Quadratmeilen

len dieser Provinz im Durchschnitt über 3500 Seelen.

Religion und Wissenschaften. Die meisten Einwohner sind der Evangelisch-Lutherischen Kirche zugethan, aber es giebt auch Reformirte und Katholiken, welche letzteren hier noch mehrere Klöster besitzen. Für die Beförderung der Wissenschaften ist durch die rühmlichst bekannten Schulen in Halberstadt und Aschersleben und die literarische Gesellschaft zu Halberstadt gut gesorgt. Auch giebt es hier mehrere würdige und berühmte Gelehrte. —

Eintheilung des Landes.

Das Fürstenthum Halberstadt bestehet aus 7 Kreisen und 2 Herrschaften. 1) Der Halberstädtische Landkreis enthält: Halberstadt, an der Holzemme, die Hauptstadt und der Sitz der sämmtlichen Landeskollegien des Fürstenthums, hat mit dem Militär gegen 15000 Einwohner, verschiedene gute Woll-, Leinwand- und Ledermanufakturen, mehrere wichtige Schulen, eine prächtig gebaute Domkirche, ein Domkapitel, und in der Nachbarschaft die bekannten Spiegelberge, ein rühmliches Denkmahl des verstorbenen Domherrn von Spiegel, der sie mit vielen Kosten zu einem so schönen Lustort umschuf. — 3 Königl. Aemter, nämlich: das Amt der Majorey in Halberstadt mit den 4 Pfarrdörfern Wehrstedt, nahrhaft durch Gartenbau, Großen-Quenstedt von 194 Feuerstellen mit 2 Kirchen und 2 Predigern, Kleinen-Quenstedt und Sargstedt. Das Amt Grüningen oder Gröningen mit den 2 kleinen Landstädten Wegeleben an der Bude (hat ansehnliche Leinenspinnerei) und Schwanebeck an der Limbach, bekannt wegen seines starken Flachs-, Anies-, Kümmel- und Garten-baues. — Das Domprobsteiliche Amt Harsleben mit dem fleckenähnlichen Dorfe Harsleben von 317 Feuerstellen an der Goldbach, bekannt wegen seines starken Flachsbaues. — Das Königliche Amt Schlanstedt enthält die großen Dörfer Schlanstedt und Dingelstedt, noch 5 andere Dörfer und die Hälfte des Dorfs Pabsdorf, dessen andere Hälfte zum Fürstenthum Wolfenbüttel gehört, auch das berühmte Benedictiner Mönchs-Kloster Huyseburg, welches auf dem Huyberge mitten im Walde sehr angenehm liegt, schöne Gebäude und einige Höfe und sein eignes Untergericht hat, und zu den Landständen gehört. Das adeliche Amt Langenstein. 2) Der Westerhausensche Kreis liegt in der ehemaligen Grafschaft Regenstein oder Reinstein, enthält Regenstein oder Reinstein, ein uraltes, vormals festes, seit 1758 aber geschleiftes Bergschloß, nicht weit von Blankenburg, mit dem dazu gehörigen Distrikt. Das Königl. Amt Westerhausen, mit dem Pfarrdorfe Westerhausen (nahrhaft durch Torf-Gräbereien und Gartenbau) und dem Pfarr-Dorfe Thale, bekannt wegen des dortigen Blechhüttenwerks. — Das Königl. Amt Stecklenberg. — Die Roßtrappe. 3) Der Ascherslebische Kreis, und darin: Aschersleben, eine Stadt an der Eine und Wipper, hat mit der Garnison gegen 7000 Einwohner und sehr wichtige Wollmanufakturen. Die zu dem Amte Gröningen (s. oben) gehörigen Landstädte Gröningen an

der

der Bude, mit einem ansehnlichen Schlosse, wo vormals eine geraume Zeit lang die Bischöfe von Halberstadt residirten, nahrhaft durch Acker- und Flachsbau; Kochstedt oder Cochstedt, mit einem Königl. Invaliden-Kassenamt, und Croppenstedt. Das Königl. Amt Gatersleben mit den beiden großen Pfarrdörfern Gatersleben, an einem urbar gemachten See; und Hedersleben, nahrhaft durch starke Leinweberei. — Das Königl. Amt Haus-Neindorf mit dem Pfarrdorfe gleiches Namens. — Das Domkapitels-Amt Schneitlingen. — Das Fürstl. Hessen-Homburgische Amt Winningen. 4) Der Ermslebensche Kreis enthält: Das Königliche Amt Ermsleben mit dem Städtchen Ermsleben an der Selke, nahrhaft durch Akkerbau, Brauerei, Linnen- und Wollmanufakturen. — Das Königl. Amt Conradsburg. — Das adeliche Asseburgische Amt Falckenstein, mit dem uralten, jetzt unbewohnten Bergschloß Falckenstein und 5 Dörfern. 5) Der Oschersleben sche Kreis enthält: Das Königl. Amt Oschersleben mit der Landstadt Oschersleben an der Bude, 3 Dörfern (worunter Hornhausen, von 164 Feuerstellen, wegen seiner starken Leinweberei bekannt ist), und das kath. Mönchskloster Hamersleben. — Das Königl. Amt Crottorf an der Bude. — Das Königl. Amt Emmeringen. 6) Der Weferlingische Kreis liegt von dem übrigen Fürstenthum abgesondert, im so genannten Holzlande an der Aller, ist von dem Fürstenthum Wolfenbüttel, der Altmark und dem Magdeburgischen umgeben, und nur von geringer Frucht-

 bar-

barkeit. Er enthält: Das Königl. Amt Weferlingen und darin das Städtchen oder den Flecken Weferlingen, an der Aller, nahrhaft durch Viehzucht und Viehhandel, auch etwas Korn-, Flachs-, Buchweizen- und Hirsenbau, imgleichen Kalk- und Ziegelbrennerei, und merkwürdig durch das Grabmahl und die wohlthätige Stiftung des verstorbenen Markgrafen Friedrich Christian zu Culmbach, der bei seinen Lebzeiten ein Kapital von mehr als 130000 Rthlrn. der Stadt schenkte, dessen Zinsen theils zur Unterstützung der dürftigsten Einwohner, theils zu Stipendien für Studirende verwendet werden. Ferner den Flecken Walbeck mit einer Tabackspfeifen-Fabrik, und 10 Dörfer. 7) Der Osterwikkische Kreis enthält: Die immediate Stadt Osterwick an der Ilse, mit guten Woll- und Linnenmanufakturen. — Das Königl. Amt Hornburg und darin das Städtchen Hornburg an der Ilse, mit einem Schlosse, bekannt wegen seines starken Hopfenbaues und Hopfenhandels, 4 Dörfer und 1 Vorwerk. Das Königl. Amt Wülperode mit 5 Dörfern. — Das Königl. Amt Stötterlingenburg mit 2 Dörfern. — Das Domkapitels Amt Zilly mit den zum Theil im Halberstädtischen Landkreise belegenen Dörfern Zilly, Sträpke oder Ströbeck (bekannt wegen der großen Fertigkeit seiner Einwohner im Schachspiel), und Badersleben, mit einem Nonnenkloster, noch 5 andern Dörfern und 2 Vorwerken. — Das Domprobsteiliche Amt Dardessen mit dem Städtchen Dardessen oder Dardesheim am Ortsberge, in welchem Berge gute Steinbrüche sind, und

und 3 andern Dörfern. Das dem Prinzen Heinrich zugehörige Amt und Schloß Westerburg. 8) Die Herrschaft Derenburg, ein Lehn des Stifts Gandersheim, wird eigentlich zur Altmark gerechnet, stehet aber unter den Landeskollegien von Halberstadt, und enthält das Königl. Amt Derenburg an der Holzemme. 9) Die hart an der Stadt und mitten in der Grafschaft Wernigerode liegende Herrschaft Hasserode, enthält das Königl. Amt und Dorf Hasserode, — das neue Dorf Friedrichsthal, vier Papiermühlen, noch mehrere andere Mühlen und ein bekanntes Blaufarbenwerk.

B. Die Grafschaft Hohnstein, oder die Herrschaften Lohra und Klettenberg.

Hülfsmittel.

An Karten: S. oben bei Halberstadt. — Auch haben die Homannischen Erben zu Nürnberg von der eigentlichen Grafschaft Hohnstein und den Herrschaften Lohra und Klettenberg 1761 eine gute und brauchbare Karte geliefert. —

An Büchern: S. oben bei Halberstadt. Topographische General-Tabelle von den Städten und dem platten Lande der Grafschaft Hohnstein, in Büschings Magazin für die neue Historie und Geographie, Theil XIV. S. 305 f. f. — Hohnsteinisches Magazin in den Jahren 1788—1791, herausgegeben von Schmaling, Halberstadt. Besonders finden sich in den letztern Stücken schöne allgemeine Nachrichten von der Provinz. — Vollständige Geschichte der Grafschaft

Hohnstein, der Herrschaften Lohra und Klettenberg u. s. w., nebst einer statistischen Beschreibung des Preußischen Antheils an dieser Grafschaft. Von Johann Gottfried Hoche. Halle, bei Francke und Bispink, 1790. 8.

Lage, Gränzen und Größe. Die obgedachten beiden Herrschaften werden durch den Harzwald, das Stift Walkenried, das Fürstenthum Grubenhagen, das Eichsfeld, das Fürstenthum Schwarzburg-Sondershausen, die Reichsstadt Nordhausen und die eigentliche Grafschaft Hohnstein begränzt, und sind zusammen etwa $8\frac{1}{2}$ Quadrat-Meilen groß, wovon $4\frac{1}{2}$ □ M. auf die Herrschaft Lohra und 4 □ M. auf die Herrschaft Klettenberg fallen. Nach einer andern Angabe im Hohnsteinschen Magazin beträgt der Flächeninhalt der kleinen Provinz nur 7 Quadrat-Meilen, wovon $2\frac{7}{8}$ auf die Herrschaft Lohra, $3\frac{5}{8}$ auf die Herrschaft Klettenberg und $\frac{4}{8}$ auf die Gegend Bennikensteins zu rechnen sind.

Natürliche Beschaffenheit. Die Preußische Grafschaft Hohnstein ist gebirgig, aber dabei doch fruchtbar und gut angebauet, und hat eine angenehme reizende Lage. Das Klima ist gesund und einladend, welches auf den Charakter, die Lebensart und Vermehrung der Einwohner einen großen Einfluß hat. Ueberall findet man bei ihnen, so wie bei ihren Nachbarn, den Harzbewohnern, eine muntere Laune. Waldungen sind reichlich vorhanden; die Thäler sind fruchtbare Wiesen. Vier Flüsse durchströmen die Grafschaft. Die Zorge entsteht in dem zwischen hohen Bergen eine gute Stunde von Elrich liegenden

Harz-

Harzflecken, die Zorge, aus verschiedenen Waldbächen, fließt an der Abendseite der Altstadt Elrich vorbei nach Nordhausen, und vermischt sich weiterhin mit der Helme; die Helme entspringt in der Grafschaft Klettenberg, nahe bei Stöckey, durchfließt die Provinz von Abend gegen Morgen, und ergießt sich außerhalb derselben in die Unstrut; die kleine Bode fällt in die Wipper, und diese fließet dann durch die Herrschaft Lohra von Abend gegen Morgen ebenfalls der Unstrut zu. — Der Boden ist zwar größtentheils entweder steinig oder kleiig, und erfordert daher eine mühsamere Kultur; aber er bringt doch die nöthigen Früchte und Bedürfnisse reichlich und im Ueberfluß hervor, die der Fleiß und die Industrie der Einwohner vortheilhaft zu verarbeiten und, besonders auch zur Ausfuhr, gut zu benutzen weiß.

Landesprodukte. Getreide und Hülsenfrüchte aller Art, wovon noch Vieles nach dem Oberharz und in die Magazine nach Lutterberg und Osterode, so wie auch nach Nordhausen für die dortigen zahlreichen Branntwein-Blasen exportirt wird. — Obst- und Gartenfrüchte, Kartoffeln, allerlei Beeren, z. B. Heidel-, Krons-, Him-, Erd- und Brom-Beeren in den Wäldern, wovon mancher Ort für einige 100 Rthlr. verkauft, Flachs, in großer Menge, aber für die hiesige starke Leinweberei doch noch nicht zureichend, weswegen aus dem Halberstädtischen, dem Hildesheimischen u. s. w. noch zugekauft werden muß. — Im Jahr 1789 waren 1777½ (nach dem Hohenst. Magazin aber nur 1172), Aecker- oder Morgen Land mit Leinsamen

men besäet. — Rübesaat, womit im Jahr 1789, 1387 Aecker oder Morgen Land bestellt waren. Das aus dem in diesem Jahre gewonnenen Samen geschlagene Oehl ward größtentheils außer Landes verkauft, und das dafür eingebrachte Geld betrug mehrere tausend Rthlr. — Die Viehzucht ist bei den schönen Wiesen und Weiden gut und einträglich; aber die Schafzucht liefert doch bei weitem nicht genug Wolle für die einheimischen beträchtlichen Wollmanufakturen zu Bleicherode und Elrich, und die Provinz musste daher im Jahr 1789 zu ihrem Wollgewinnst von etwa 600 Centnern noch etwa 400 Centner aus der Nachbarschaft, besonders aus dem Hannöverischen zukaufen. Auch die Fischerei ist nicht unerheblich. Holzungen und Wild sind reichlich vorhanden, und die ersteren bestehen größtentheils aus hartem Holze. Im Jahr 1770 betrug der Ueberschuß des Forstetats über 9000 Rthlr. — Der Seidenbau ist hier von keiner Bedeutung, wenn gleich schon ungefähr 6000 Stück Maulbeerbäume vorhanden sind. An Mineralien findet man hier außer dem Alabaster bei Tettenborn und Woffleben, der aber nicht sonderlich genutzt wird, und außer dem Schieferbruch bei Hesserode, noch Kupferschiefer, auf die aber bis jetzt nicht gebauet worden, weil das Holz in dieser Gegend der Provinz selten und die Landesgränze zu nahe ist. Eisenerze, die zu Sorge verschmolzen und verarbeitet werden.

Manufakturen, Fabriken und Handel. Die wichtigsten Wollmanufakturen sind in Elrich, wo im Jahr 1789, 24 Meister aus etwa 168 Centnern

nern Wolle einige Tücher und viel Flanelle verfertigten, und diese größtentheils ins Ausland debitirten, und in Bleicherode, wo die beiden ansehnlichen Wollenmanufakturen, nämlich die Trautvetterische und Müllersche, auf mehr als 70 Stühlen, die beständig im Gange sind, Rasche und Chalons verfertigen, und davon jährlich so wohl innerhalb als außerhalb des Landes für 50 bis 60000 Rthlr. absetzen. Noch einträglicher aber ist die Leinenfabrikation auf dem platten Lande, wo im Jahr 1789 auf 726 Leinweber-Stühlen 16 bis 18000 Schock Leinwand verfertiget, und größtentheils theils nach Halle, Magdeburg, Berlin (zusammen über 7000 Schock), theils nach Hamburg, Lübeck u. s. w. (zusammen über 4000 Schock), ausgeführt wurden. Man kann sicher annehmen, daß ein Dritttheil der Einwohner des platten Landes von dieser Leinenfabrikation lebt, und daß durch den Leinwandshandel jährlich wenigstens 80000 Rthlr. der Provinz zufließen, zumal da auch die beiden obgedachten Handlungshäuser in Bleicherode, nämlich das Trautvetterische und Müllersche, jährlich etwa 2500 bis 3000 Schock gröbere und geringere Sorten von Leinwand auswärts, größtentheils auf dem Eichsfelde, aufkaufen, sie auf der großen Bleiche bei Bleicherode bleichen und zubereiten lassen, und sie dann nach Bremen u. s. w. versenden; eine Ausfuhre, die außer der oben bemerkten des platten Landes von 80000 Rthlrn. noch besonders in Anschlag gebracht werden, und ebenfalls dem Lande einen ansehnlichen Gewinn abwerfen muß. — Noch verdienen unter den hiesigen Fabriken genannt zu werden, die hier befindlichen

lichen Oehl- und andere Mühlenwerke, und das Eisen- und Blech- Hüttenwerk zu Sorge. Die Ausfuhre der Provinz besteht in Getreide, Brenn- und Bau-Holz und Brettern, Oehl, Leinwand, Wollen- und Eisenwaaren u. s. w. —

Volksmenge. Diese beiden Herrschaften enthalten 4 Städte und 67 Dörfer und kleinere Ortschaften. Im Jahr 1789 waren in den Städten 1280 Feuerstellen mit ungefähr 8100 Einwohnern, und auf dem platten Lande 3170 Feuerstellen mit 17441 Seelen — in der ganzen Provinz also 4450 Feuerstellen, und, mit Einschluß des beurlaubten Militärs (denn von wirklicher Einquartierung ist die Grafschaft frei), zusammen 25541 Seelen vorhanden. Nach einer andern Angabe in dem Hohnsteinschen Magazine zählte man aber am Schlusse des Jahrs 1789 nur in den Städten 6625 und auf dem platten Lande 17684, zusammen also 24309 Seelen, von welchen 10046 auf die Herrschaft Lohra und 14263 auf die Herrschaft Klettenberg fallen. Vielleicht ist bei dieser geringeren Angabe das Militär nicht mitgerechnet. Da indessen in der Provinz jährlich im Durchschnitt 230 Personen mehr geboren werden, als sterben, so kann man die gegenwärtige Volksmenge derselben, mit dem Zuwachs seit 1789, auf die runde Summe von etwa 26000 Köpfen anschlagen. Es leben hier also über 3000 Menschen auf einer jeden Quadrat-Meile.

Religion und Wissenschaften. Die Einwohner dieser Provinz sind fast insgesammt der Evangelisch-Lutherischen Kirche zugethan, und es giebt hier

nur

nur wenige Reformirte, Katholiken und Juden. Letztere sind indeß in Elrich ziemlich zahlreich, wenn gleich größtentheils arm, und haben hier auch eine Synagoge. — Für die Beförderung der Wissenschaften darf man in einer so kleinen Provinz keine besonders ausgezeichnete und hervorstechende Anstalten erwarten; indessen fehlt es doch nicht an den gewöhnlichen Stadt- und Landschulen, und an einzelnen verdienten und gelehrten Männern.

Eintheilung des Landes.

Die Grafschaft Hohnstein enthält:

1) Die Herrschaft Lohra mit 1 Stadt und 29 Dörfern u. a. Ortschaften. Man bemerke: Die immediate Stadt Bleicherode, eine zwar nur kleine, schlecht gebauete und offene Stadt, mit 295 Häusern, aber doch gut bewohnt, nahrhaft durch ihre erheblichen Wollen- und Leinenmanufakturen und Bleichereien (s. oben), und noch bekannt wegen der benachbarten so genannten Knochenquelle. — Das Königl. Amt Lohra mit dem Bergschlosse Lohra, dem Sitze des Amts, und den Pfarrdörfern, Groß-Wenden und Elende oder Zum Elende, in welchem letzteren ein Hospital ist, welches vormals ein Nonnenkloster war, und 7 andern Dörfern. — Das Königl. Amt Münchelohra. — Das vererbpachtete Königl. Amt Klein-Bodungen, mit dem Dorfe gleiches Namens. — Das Königl. Amt Nohra mit dem Pfarrdorfe gleiches Namens und 4 andern Dörfern und Ortschaften. — Das Königl. Amt Dietenborn mit 3 Dörfern. — 11 adliche Dörfer und Güter.

2) Die Herrschaft **Klettenberg** mit 3 Städten und 39 Dörfern und andern Ortschaften. Man merke darin: Die Immediat-Stadt **Elrich**, die Hauptstadt der beiden Herrschaften, sonst auch der Sitz einer eignen Kammer-Deputation für die Grafschaft, welche aber jetzt wieder mit der Halberstädtischen Krieges- und Domänen-Kammer vereiniget und dahin zurückverlegt ist, liegt in einem sehr angenehmen Thale an der Zorge, hat über 450 Häuser und 2500 Einwohner, gute Woll- besonders Flanell-Manufakturen und auch sonst noch gute Nahrung durch Ackerbau, Viehzucht und Brauerei. — Die Immediat-Stadt **Sachsa** am Harz von 210 Häusern und 1000 Einwohnern, hat nur eine Hauptstraße und treibt einigen Verkehr mit dem Harz durch den Verkauf und Transport von Früchten, Brot und Branntwein, hat auch guten Ackerbau und eine neu angelegte Strumpffabrik. Das Königl. Amt **Benneckenstein** mit der Stadt **Benneckenstein**. Sie liegt ganz auf dem Harz, und hat gegen 350 Häuser und etwa 2000 Einwohner, die sich vom Ackerbau und Fuhrwerk, so wie auch von der Viehzucht und der Verfertigung von allerlei kleinen hölzernen Waaren zum häuslichen Gebrauch nähren. In der Nähe der Stadt liegt das Eisenhüttenwerk **Sorge**. — Das Königl. Amt **Klettenberg** mit 20 Dörfern und andern Ortschaften. — Das Königl. Amt **Wofleben** mit 5 Dörfern. — Das Königl Amt **Mauderode** mit 2 Dörfern. — Das **Collectur-Amt** in **Nordhausen** mit 2 Ortschaften. — Einige adeliche Dörfer.

C. Die

C. Die Grafschaft Wernigerode.

Hülfsmittel.

An Karten: s. oben bei Halberstadt. Die Grafschaft hat noch keine eigne Karte. — Außer der oben genannten Treuerschen Karte zeigt indeß die Lasiusische Karte vom Harz sie am besten.

An Büchern: Beschreibung der Grafschaft Wernigerode 1781. —

Lage, Gränzen und Größe. Die Grafschaft liegt auf und an dem Harz, der hier durch den großen Brocken oder Blocksberg in den Ober- und Unter-Harz getheilt wird. Der Ober-Harz begreift den Brocken und die ganze westliche Seite des Harz-Gebirges, der Unter-Harz aber die ganze östliche Seite desselben. Zu diesem letzteren gehört sie größtentheils, einem kleineren Theile nach liegt sie aber schon auf dem Ober-Harz, und gränzt nordwärts an das Fürstenthum Halberstadt, und die Herrschaften Derenburg und Schauen, ostwärts an das Fürstenthum Blankenburg, südwärts an das Churbraunschweigische Amt Elbingerode, und den Chur- und Herzoglich-Braunschweigischen gemeinschaftlichen Forst, westwärts aber an das Churbraunschweigische Harz-Gebiet, und einem kleinen Theil nach an das Wolfenbüttelsche und Hildesheimische. Sie ist über 3 Meilen lang und etwas über 2 Meilen breit, und ihr Flächeninhalt beträgt $4\frac{3}{8}$, nach einer andern Angabe aber $5\frac{1}{2}$ Quadrat-Meilen.

Natürliche Beschaffenheit. Die größere nördliche Hälfte der Grafschaft ist ebenes Land, trefflich angebauet, und ein wahrer Lustgarten; die kleinere südliche Hälfte aber besteht aus rauhen Harzgebirgen, unter welchen vor allen andern der große Brocken oder Blocksberg (Mons Bructerus), einer der höchsten Berge in Deutschland, hervorragt, welcher der große zum Unterschiede von dem nahe gelegenen kleinen Brocken, oder der Heinrichshöhe, genannt wird. Hier ist der höchste Punkt und unstreitig auch die schönste Gegend der Harz Gebirge, ein vortreffliches Gemisch von herrlichen Bergen und angenehmen Wäldern, die etwas ganz Besonderes in ihren Verhältnissen, Größen und Abwechselungen, und in dem amphitheatralischen Steigen vor den übrigen mehr ins Regelmäßige fallenden Harz-Gegenden voraus haben. In diesen wasserreichen Gebirgen des großen und kleinen Brockens entspringen folgende Flüsse: die Ilse, welche die Rammelbach aufnimmt, — die Bude oder Bode, die Holtemme oder Holzemme, mit welcher sich der Zillicherbach vereiniget, die Ecker, mit der sich die Stümmeke vermischt u. m. a. — Nirgends trifft man eine ganz unfruchtbare Gegend an. Die Luft ist rein, das Klima gesund, und eben so gesund, stark und lebhaft sind auch die Einwohner. —

Landesprodukte. Das ebene Land in dieser Provinz ist sehr fruchtbar an allerhand Getreide und Hülsenfrüchten, Rübesamen, Flachs, Gartenfrüchten, Obst und andern Gewächsen. Auf den hohen Bergen wachsen die besten Kräuter, auch allerlei Beeren, unter andern auch die Kronsbeeren, die häufig mit Zucker eingemacht wer-

werden. An den Abhängen der Berge, so wie in den Thälern giebt es die vortrefflichsten grasreichsten Wiesen und Weiden, daher auch die Viehzucht vorzüglich gut und ergiebig, und ein Haupt-Nahrungszweig des Landes ist. Eben so sind auch, besonders in dem rauheren gebirgigen Theil der Provinz, die Waldungen, deren gesammte Größe 55000 Morgen beträgt, äußerst beträchtlich, enthalten viel vierfüßiges und geflügeltes Wildpret, und einen großen Schatz von allerlei Holz-Arten, sonderlich aber von Fichten oder vielmehr Tannen. Nicht minder reich sind die gebirgigen Gegenden des Landes an allerlei Mineralien. Blei, Kupfer und Silber wird heutiges Tages nicht aufgesucht, hingegen hat man viel Mergelerde, Thon zu Ziegeln, Backsteinen und Töpfen, Kalkstein, Bruchsteine, Torf (der verkohlt und so sehr nützlich in den Hüttenwerken verbraucht wird), Kobalt und besonders Eisen, als welches ein Hauptprodukt des Landes ist. Die Eisenerze werden aus den beiden Eisensteinbrüchen beim Hartenberge und Büchenberge zu Tage gefördert, und auf den beiden Eisenhüttenwerken zu Ilsenburg und Schierke verschmolzen, und weiter verarbeitet. Das hier verarbeitete Eisen hat einen Vorzug vor dem aus andern Gegenden des Harzes, wird häufig zu schwarzen und weißen Blechen gebraucht, und theils im Lande selbst, theils besonders nach dem Magdeburgischen und Halberstädtischen verkauft. —

Manufakturen, Fabriken und Handel. Es wird in der Provinz nicht nur viel Leinwand fabrizirt; sondern in der Stadt Wernigerode selbst giebts auch gute Tuch- und wollene Zeugmanufakturen. Auch verdienen unter den hiesigen Fabrik-Anstalten noch die wichtigen Eisenhüttenwerke zu Ilsenburg und Schierke, die vielen hiesigen Töpfereien, Schmiedewerke, 2 Kupferhammer u. dgl. m. und endlich die an den Flüssen befindlichen zahlreichen Mehl-, Grütz-, Loh-, Walk-, Oehl-, Papier-, Schleif- und Säge-Mühlen (welche letzteren allein jährlich 20000 Rthlr. einbringen sollen) besonders genannt zu werden. Die Ausfuhre des Landes besteht in Grütze, Korn, allerlei Beeren, Bau- und Brennholz, Dielen, Spillenzeug, Gerberlohe, Oehl, Oehlkuchen, fetten Ochsen und Schweinen, Wildpret, Fischen, Kalk, Salpeter, Kobalt, Pulver, gegossenem und geschmiedetem Eisen, Draht, Sicheln, eisernen Salzpfannen, geschmiedetem Kupfer (welches indeß roh eingeführt worden), Papier, Tüchern, Zeugen, fertigen Wagen, Branntwein u. dgl. m. wovon insonderheit viel in den Harzgegenden abgesetzt wird. Die Einfuhr-Artikel sind: Allerlei Material-Waaren, Weine, seidene und andere feinere Zeuge u. s. w.

Volksmenge. Die Grafschaft ist stark bewohnt, und enthält außer der Stadt und dem Schloß Wernigerode noch 2 Flecken, 10 große und ansehnliche Dörfer, mehrere Vorwerke und kleinere Ortschaften und in allen diesen über 2000 Feuerstellen und über 12000 Einwohner.

Re-

Religion und Wissenschaften. Die Einwohner sind der Evangelisch-Lutherischen Kirche zugethan. Zwei wichtige Anstalten zur Beförderung der wissenschaftlichen Kultur des Landes sind die in gutem Rufe stehende Lateinische Schule in der Stadt Wernigerode und die in dem dortigen Schlosse befindliche Gräfliche Bibliothek von mehr als 40000 Bänden.

Brandenburgische Gerechtsame. Die Grafschaft gehört dem Grafen von Stollberg-Wernigerode, welcher ein Deutscher Reichsstand ist, steht aber als ein Lehn der Churmark Brandenburg auch unter Churbrandenburgischer Landeshoheit. In dem Vergleich vom Jahre 1714 zwischen König Friedrich Wilhelm I. von Preußen und dem Grafen Christian Ernst wurden die Gerechtsame des Brandenburgischen Hauses auf folgende Art festgesetzt: „Brandenburg hebt in der Stadt Wernigerode die Accise und auf dem platten Lande die Contribution; hat das Werbungsrecht, legt aber keine Soldaten ins Land; von allen Sachen, die über 150 Rthlr. betreffen, geht die Appellation aus der Gräflichen Regierung an das Churmärkische Kammergericht in Berlin. Der Graf hingegen bekömmt von der Accise, die der König erhebt, eine bestimmte Summe; er hat ferner alle übrige Regalien, als Ober- und Untergerichtsbarkeit in allen selbst in Criminal-Sachen — ferner das Zoll-, Münz-, Jagd- und Berg-Regal u. s. w." Dem zufolge hat auch der Graf eine besondere Regierung und Consistorium, eine eigene Kammer und ein Forst- und Bergamt u. s. w.

Eintheilung des Landes. Die Grafschaft enthält: 1) Schloß und Stadt Wernigerode. Das Schloß liegt gleich über der Stadt südostwärts auf einem hohen Berge, bestehet aus mehreren schönen Gebäuden, enthält unter andern auch das Gräfliche Archiv, einen kostbaren Büchersaal und darin eine beträchtliche Bibelsammlung, und hat in der Nähe einen großen Gräfl. Thiergarten mit 3 angenehmen Lusthäusern, einen Küchen- und Baumgarten, so wie auch einen Lustgarten mit einem schönen Orangeriehause, so daß es hier an keiner Art von Annehmlichkeit und Naturfreuden fehlen kann. Die Stadt liegt unter dem Schlosse unweit der Holzemme, die hier den durch die Stadt fließenden Zillicherbach aufnimmt, und bestehet aus 3 Theilen, nämlich: 1. der Altstadt von 430 bürgerlichen Feuerstellen; 2. der Neustadt von 191 bürgerl. Feuerstellen; und 3. der Vorstadt Neschenrode von etwas über 150 Feuerstellen, die aber als ein besonderer Flecken angesehen wird und unter dem Gräfl. Amte Wernigerode steht — so daß die Stadt und Schloß, die Freihäuser mitgerechnet, etwa 900 Feuerstellen und 5000 Einwohner hat. Die Nahrung derselben kommt vornehmlich vom Bierbrauen, Branntweinbrennen, hiernächst auch von einigen Tuch- und Wollenzeug-Manufakturen u. s. w. In und bei der Stadt sind am Zillicherbach und an der Holzemme viele Mehl-, Oehl-, Papier-, Walk-, Loh-, Schleif-, Säge- und andere Mühlen, die, so wie der dortige Kupferhammer, zur Nahrung derselben auch das ihrige beitragen. 2. Das Gräfl. Amt Wernigerode, zu welchem außer der oben

oben schon genannten Vorstadt Neschenrode noch gehören: Der große Flecken Ilsenburg an der Ilse, mit einem Schloß, einem Gräfl. Thiergarten und Vorwerk, dessen vornehmste Nahrung in dem dortigen sehr ansehnlichen Gräfl. Eisenhüttenwerk und der Drahtfabrik, so wie in den an der Ilse befindlichen zahlreichen Säge-, Oehl-, Papier-, Pulver- und Thon-Mühlen und dem dortigen Kupferhammer besteht; — ferner die großen und schönen Dörfer Drübeck (mit einem adelichen Fräuleinstift), Wasserleben, Veckenstedt, Staplenburg, Stillstedt, Langen (mit einer Comthurei des Deutschen Ordens), Reddeber (eigentlich zu dem Halberstädtischen Domkapitels-Amt Zilli gehörig), Darlingerode und Altenrode, — das Gräfl. Pfarr- und Eisenhüttendorf Schierke, — die Gräfl. Vorwerke Charlottenlust und Schmatzfeld. — Die 3 Gräfl. Torfwerke Heinrichshöhe auf dem kleinen Brocken, und Langenwerk und Jakobsbruch in der Gegend von Schierke, welche aus großen hölzernen Gebäuden bestehen, in denen der daselbst gestochene Torf getrocknet und zum Gebrauch für die Hüttenwerke verkohlt und von seiner natürlichen Fettigkeit befreiet wird. Mehrere Gräfl. Viehhöfe und andere einzeln liegende Häuser. — 3. Das adeliche Dorf Minsleben u. s. w. Von der in dem Umfange dieser Grafschaft belegenen Herrschaft Hasserode siehe oben bei Halberstadt.

D. Die Abtei Quedlinburg.

Hülfsmittel. S. oben bei Halberstadt. — Voigts (weiland Syndikus zu Quedlinburg) Geschichte des Stifts Quedlinburg. 3 Bände. Leipzig, 1783 und 1787. — Voigts (Konrektors am fürstl. Gymnasio zu Quedlinburg) Grundriß der Stadt Quedlinburg.

Die Abtei Quedlinburg gränzt mit dem Halberstädtischen und Bernburgischen, ist 2 Quadratmeilen groß und enthält 13 bis 14000 Einwohner. Sie wird von der Bode bewässert, ist fast ganz eben, und hat einen ergiebigen Boden und Ackerbau und vortreffliche Rindvieh-, Pferde-, Schaf- und Schweinezucht. In der Stadt Quedlinburg selbst giebts auch beträchtliche Woll- und andere Manufakturen und Fabriken. Die Abtei hat ihre eigene Aebtissinn, die eine unmittelbare Reichsfürstinn ist, und jährlich etwa 26000 Rthlr. Einkünfte zieht. Sonst war dies eine Brandenburgische Prinzessinn, jetzt aber ist es die Königl. Schwedische Prinzessinn, Sophia Albertina, die ihre eigne Kanzlei, ihr Consistorium und auch das Stadtgericht bestellet. Der König von Preußen hält hier aber, als Erbvoigt und Schutzherr des Stifts, eine Stiftshauptmannei und läßt durch dieselbe seine Gerechtsame wahrnehmen, hat auch das Blutgericht und das Werbe- und Besatzungs-Recht, und läßt durch sein Obersteuerdirektorium die Accise verwalten. Die Abtei enthält übrigens: Quedlinburg, eine Stadt an der Bode, mit einem Residenzdenz-Schlosse und einer Stiftskirche, hat mit der Garnison über 12000 Einwohner, ein fürstliches Gymnasium und wichtige Flanell-, Rasch- und andere Manufakturen, und ist auch sehr nahrhaft durch Ackerbau, viele Branntweinbrennereien, Vieh- und Kornhandel u. dgl. m. Der Flecken Ditfurt an der Bode. Einige Dörfer und kleinere Ortschaften. —

IX.

Die Preußisch-Westphälischen Staaten.

Dazu gehören jetzt folgende 10 kleine Provinzen, nämlich: die beiden Herzogthümer Cleve und Geldern, die 3 Fürstenthümer Minden, Ostfriesland und Meurs, und die 5 Grafschaften Mark, Ravensberg, Tecklenburg, Lingen und Sayn-Altenkirchen, welche zusammen genommen einen Flächeninhalt von etwa 230 Quadrat-Meilen haben, und mit dem Militär 600000 Einwohner zählen. Zwar hält die Französische Republik, dem mit dem Könige von Preußen am 5ten April 1795 zu Basel abgeschlossenen Friedens-Traktate zufolge, bis jetzt noch alle jenseits des Rheins gelegene Distrikte dieser Provinzen, nämlich einen Theil des Herzogthums Cleve von etwa 20 Quadrat-Meilen, — das Preußische Geldern von ungefähr 24 Quadrat-Meilen

len und das Fürstenthum Meurs von etwa 6 Quadrat-Meilen — zusammen also einen Landstrich von ungefähr 50 Quadrat-Meilen und wenigstens 100000 Einwohnern mit ihren Truppen besetzt; aber es ist mehr als wahrscheinlich, daß nach wiederhergestelltem allgemeinen Frieden diese Distrikte entweder zurückgegeben, oder doch durch anderweitige Entschädigungen an Land und Leuten reichlich compensirt werden dürften; weswegen ich denn auch kein Bedenken trage, selbst auch diese Distrikte hier, wie in der ersten Ausgabe dieses Abrisses, als wirklich zur Preußischen Monarchie gehörig aufzuführen und näher zu beschreiben. — Die allgemeineren Hülfsmittel zur genaueren Kenntniß und Beschreibung aller dieser Provinzen sind:

A. An Karten: Karte über die sämmtlichen zum Westphälischen Kreise gehörigen Länder von Güssefeld, in der Homannischen Offizin, 1789. — Special-Karte von den Westphälischen Provinzen: Cleve, Geldern, Meurs, Mark, Ravensberg, Minden, Lingen und Tecklenburg nebst den angränzenden Ländern, nach den besten Zeichnungen genau zusammengetragen von D. F. Sotzmann, im Jahr 1788 — gestochen von Carl Jäck, Berlin 1790. Ein treffliches Blatt in dem größten Regal-Format, $3\frac{1}{2}$ Fuß lang und $2\frac{1}{2}$ Fuß hoch oder breit, eben so schön und gut gezeichnet, als nett und sauber gestochen; nur Schade, daß die Provinz Ostfriesland, wegen ihrer zu weit entfernten nördlichen Lage und wegen der Größe des gewählten Maßstabes,

stabes, nicht mit auf die Karte gebracht werden konnte, weswegen man denn auch zur Uebersicht des Ganzen die neue Güssefeldische Karte von Ostfriesland und Sotzmann's Atlas von den K. Pr. St. No. I. u. II. noch mit diesem Blatte vergleichen muß. — Von dem von Hrn. Prediger Weddigen angefangenen Westphälischen Atlas sind meines Wissens überhaupt nur 2 Blätter, wovon das eine die Grafschaft Ravensberg und das andere (von Hrn. Prediger Müller zu Schwelm schön und genau gezeichnet) die Grafschaft Mark abbildet, bisher erschienen, und das Werk scheint aus Mangel an Subscribenten ins Stecken gerathen zu seyn.

B. An Büchern: Westphälisches Magazin zur Geographie, Historie und Statistik. Herausgegeben von Weddigen, in den Jahren von 1785 bis 1788, 16 Hefte. — Neues Westphälisches Magazin zur Geographie, Historie und Statistik. Von eben demselben Verfasser, in den Jahren von 1789 — 1794, 12 Hefte. Die von dem Hrn. Prediger Weddigen angekündigte Fortsetzung dieses doppelten so gemeinnützigen und lehrreichen Magazins, unter dem Namen: „Westphälische Provinzial-Blätter" scheint leider! nicht Subscribenten und Unterstützung genug gefunden zu haben; denn, so viel ich weiß, ist von jenen Provinzial-Blättern bisher noch nichts erschienen. Weddigens statistische Uebersicht von Westphalen. Berlin, bei Vieweg dem Aelteren, 1791. Fol. (Enthält 35 Tabellen,

son-

sonderlich über die Preußisch-Westphälischen Provinzen). — Mehrere hierher gehörige Aufsätze und Nachrichten in Fabri's älterem und neuem geographischen Magazin u. s. w. —

Ich will nun diese Provinzen einzeln beschreiben, und sie mögen hier so auf einander folgen, wie sie von Osten nach Westen zu liegen.

A. Das Fürstenthum Minden.

Hülfsmittel.

An einer eignen Karte und Beschreibung von dieser Provinz fehlt es zur Zeit noch; aber in Weddigen's altem und neuem Westphälischen Magazin finden sich viele spezielle und treffliche Nachrichten von derselben. S. auch die angeführte General-Karte der Preußisch-Westphälischen Provinzen.

Lage, Gränzen und Größe. Das Fürstenthum Minden gränzt gegen Abend an das Bisthum Osnabrück, gegen Mitternacht an die Grafschaften Diepholz und Hoya, gegen Morgen an die Grafschaft Schauenburg, gegen Mittag an die Grafschaft Ravensberg, und ist 24 Quadrat-Meilen groß.

Natürliche Beschaffenheit. Der Boden ist im Ganzen genommen ziemlich fruchtbar, und trägt im Durchschnitt etwa das 6te Korn. Der Hauptfluß ist die Weser, welche bei Rehme die aus der Grafschaft Ravensberg kommende Werre aufnimmt, und der Provinz eine vortheilhafte Communication mit Bremen und der Nordsee eröffnet. Einige kleinere Flüsse sind noch die Aue, die Else, die Pastau u. s. w. —

Lan-

Landesprodukte. Getreide aller Art, wovon man noch jährlich für 14 bis 15000 Rthlr. ausführen kann; Hanf, Flachs in großer Menge, Taback (man kann schon jährlich etwa für 1500 bis 2000 Thaler Tabacksblätter an auswärtige Fabriken versenden), Holz (nicht hinreichend), Viehzucht, Bienenzucht (die Provinz hatte im Jahr 1790, 3421 Bienenstöcke und gewann davon 62 Centner und 76 Pfund Honig, und 12 Centner und 78 Pfund Wachs), Torf, Steinkohlen (das Bölhorster Kohlenbergwerk bei Minden lieferte im Jahr 1785 119441 Scheffel, größtentheils für das Königl. Salzwerk bei Rehme), u. s. w. Das Königliche Salzwerk bei Rehme kann auch einigermaßen hierher gerechnet werden; denn es liegt theils im Mindenschen Amte Hausberge, theils im Ravensbergischen Amte Vlotho (zu welchem es indeß, geographisch betrachtet, wohl mehr gehört, als zu jenem), zwischen den Dörfern Rehme und Melbergen oder Möllbergen, an der Werre. Es liefert jährlich etwa 1300 Last Salz (die Last zu 60 Berliner Scheffel gerechnet), und versorgt damit nicht allein die Königl. Provinzen Minden, Ravensberg, Lingen, Tecklenburg und Ostfriesland, sondern verschickt auch noch einen guten Theil davon in die Bisthümer Münster und Osnabrück.

Manufakturen, Fabriken und Handel. Es wird hier viel Garn gesponnen, und unverarbeitet nach Elberfeld, Holland, Bremen u. s. w. ausgeführt; aber es wird auch, vorzüglich auf dem platten Lande und sonderlich im Amte Rahden viele Leinwand

wand (im J. 1787 für 50000 Rthlr.) verfertiget und verschickt, und die Ausfuhr von Garn und Leinwand bringt der Provinz jährlich über 200000 Rthlr. ein. Die übrigen Fabriken sind, mit Ausnahme der wichtigen Zuckersiederei in Minden (welche jährlich eine ansehnliche Menge Zucker raffinirt, und den größten Theil davon auswärts im Paderbornischen, Hessischen und Hannöverschen verkauft), im Ganzen genommen von geringerer Bedeutung, wenn gleich die in der Stadt Minden selbst befindlichen Fabriken in Wolle, Leder, Wachs, Leinwand, schwarzer Seife auch ziemlich beträchtliche Geschäfte machen und viel ins Ausland absetzen. Im Jahr 1787 belief sich der Werth aller in der Provinz verfertigten Fabrikate (jedoch excl. des Garns s. oben) auf 184,942 Rthlr., von welchen 110,783 Rthlr. dem Debit im Lande und 74,159 Rthlr. dem ausländischen Debit zufallen. Aber Schiffahrt, Brauen und Branntweinbrennen sind hier noch wichtige Gewerbe.

Volksmenge. Im Jahr 1787 zählte die Provinz 67952 und im Jahr 1790, 68948 Einwohner, von welcher letzteren Summe 10848 in den Städten, und 58100 auf dem platten Lande lebten. Uebrigens sind die Einwohner größtentheils der Evangelisch-Lutherischen Kirche zugethan.

Eintheilung der Provinz. Das Fürstenthum Minden enthält 1) die zwei unmittelbaren Städte: Minden, an der Weser, die Hauptstadt des Landes, der Sitz der Regierung und des Consistoriums für die Provinzen Minden und Ravensberg, und der Krieges- und Domänen-Kammer für eben diese

Län-

Länder und die Grafschaften Tecklenburg und Lingen u. s. w., ist ziemlich gut gebauet, und hat mit der Garnison etwa 8000 Einwohner, eine schöne Brücke über die Weser, ein Domkapitel, eine Domkirche und ein Gymnasium, wichtige Manufakturen und Fabriken, die 1787 für 132,090 Rthlr. Waaren lieferten (s. oben), und treibt einen ziemlich ansehnlichen Handel (besonders mit Getreide und Garn), der durch die Stapelgerechtigkeit und Zollfreiheit der Stadt auf der Weser sehr begünstiget wird. Auch hat die Stadt sonst noch gute Nahrung durch Ackerbau, Viehzucht, Brauen und Branntweinbrennen, welches letztere allein 60 bis 70000 Rthlr. in Umlauf bringt. In der Nähe von Minden sind noch die bekannte Westphälische Pforte (Porta Westphaliae) und der Jakobsberg, der eine weite und treffliche Aussicht gewährt, bemerkenswerth. — Die Stadt Lübbecke oder Lübke, nahrhaft durch Ackerbau, Branntweinbrennen und einen beträchtlichen Garnhandel. 2) Die fünf Ämter: das Amt Hausberge, mit der kleinen durch Ackerbau, Viehzucht und Garnhandel nahrhaften Stadt Hausberge; — das Amt Petershagen mit der kleinen Stadt Petershagen an der Weser (hat einen neu angelegten sichern und geräumigen Hafen), das Amt Reineberg, das Amt Rehden und das Amt Schlüsselburg, mit dem Flekken gleiches Namens.

B. Die Grafschaft Ravensberg.

Hülfsmittel. S. oben. — Historisch-geographisch-statistische Beschreibung der Grafschaft Ravensvensberg in Westphalen, von P. F. Weddigen. Mit einer Karte von dieser Provinz und 3 Kupfern. 2 Bände, gr. 8. Leipzig, in der Weidmannischen Buchhandlung, 1790.

Lage, Gränzen und Größe. Die Grafschaft Ravensberg ist von den Bisthümern Münster und Osnabrück, dem Fürstenthum Minden, der Grafschaft Lippe, dem Bisthum Paderborn, der Grafschaft Rittberg und der Herrschaft Rheda umgeben, und 17 Quadratmeilen groß.

Natürliche Beschaffenheit. Der nördliche Theil dieser Grafschaft hat größtentheils einen fetten Kleiboden, der südliche Theil derselben aber ist im Ganzen sandig und leicht. Eine Bergkette von mäßiger Höhe durchschneidet die Grafschaft von Westen nach Osten, und vereiniget sich unweit Oerlinghausen mit den Lippischen Bergen. Die wichtigsten Flüsse sind: die Weser, Werre (fließt bei Rehme in die Weser), und die Aa (fließt bei Hervord in die Werre). Die andern kleineren Flüsse sind: die Else, die Warmenau, die Hessel und der Lutterbach.

Landesprodukte. Getreide und Hülsenfrüchte aller Art (bei der mäßigen Fruchtbarkeit und überaus starken Bevölkerung des Landes aber nicht hinreichend, und die Provinz muß daher für ansehnliche Summen, im Jahr 1787 für 17463 Rthlr., aus den benachbarten Gegenden zukaufen), Flachs und Hanf (im Ueberfluß und von der besten Güte), Holz (nicht in Menge), gute Viehzucht,

zucht, ziemlich starke Bienenzucht (die Provinz hatte im Jahr 1790, 7410 Bienenstöcke, und gewann davon 100 Centner und 67 Pfund Honig, und 26 Centner und 3 Pfund Wachs), Torf, Steinkohlen bei dem Dorfe Dornberg, Amts Sparenberg, Steinbrüche, einige mineralische Quellen u. s. w. Von dem Königl. Salzwerke zu Rehme in dem Amte Blotho s. oben bei dem Fürstenthum Minden.

Manufakturen, Fabriken und Handel. Schon der große Churfürst Friedrich Wilhelm nannte diese Grafschaft sein Spinn- und Linnenland, und das mit allem Recht. Die Spinnerei und Leinwandmanufaktur ist durch die ganze Provinz verbreitet, und die Hauptquelle des Wohlstandes der hiesigen Einwohner. Es sind jetzt in der Provinz gegen 3000 Weberstühle für Leinwand im Gange, und alles, Jung und Alt, Männer und Frauen, Knaben und Mädchen, Herrschaften und Gesinde, alles nimmt hier — besonders auf dem platten Lande — Theil an dieser Landesmanufaktur, und beschäftiget sich mit Spinnen, Weben, Bleichen und andern hierher gehörigen Arbeiten. Die Stadt Bielefeld allein versendet jährlich im Durchschnitt für mehr als 500000 Rthlr. gebleichte Leinwand, die wegen ihrer Güte allgemein bekannt ist; und was die übrigen Städte der Provinz jährlich an Garnen und ungebleichter Leinwand versenden, beträgt fast eben so viel, so daß man den jährlichen Ertrag dieser Landesmanufaktur, ohne Uebertreibung, auf eine Million Thaler ansetzen kann. —

Die übrigen Manufakturen und Fabriken, besonders in Wolle, Leder, Stahl, Eisen und Kupfer, schwarzer Seife, vorzüglich in und bei Bielefeld, ferner die Rüböhl- und Perlgrütz-Mühlen, und der Handel mit Schinken und Pumpernickel sind auch nicht unwichtig. —

Volksmenge. Es wohnen hier gegen 5000 Menschen auf einer Quadrat-Meile; eine Bevölkerung, die nur bei einer solchen Indüstrie möglich ist. Im Jahr 1787 hatte die Provinz 81812 Einwohner (von welchen 16840 in den 10 Städten der Provinz und 64972 auf dem platten Lande derselben lebten), die größtentheils der Evangelisch-Lutherischen Kirche zugethan sind.

Eintheilung der Provinz. Die ganze Grafschaft enthält 1) folgende zwei unmittelbare Städte: Bielefeld, Hauptstadt, am Fuß des Sparenberges, wird vom Lutterbach durchströmt, und in die Alt- und Neu-Stadt getheilt, hat mit dem Militär etwa 6000 Einwohner, einen ausgebreiteten Leinwandhandel (s. oben), vortreffliche Bleichen, die bei der Vorstadt, der Gadderbaum genannt, liegen, wichtige Manufakturen und Fabriken, ein Gymnasium u. s. w. — Herford oder Hervord hat 4 bis 5000 Einwohner, schöne Bleichen, und treibt einen starken Garn- und Leinwandhandel. 2) Folgende vier Aemter: das Amt Sparenberg (mit den fünf Vogteien Brackwede, Heepen, Werther, Schildesche und Enger), das A. Ravensberg, das A. Limberg und das A. Vlotho, mit dem Königlichen

Salz-

Salzwerk zu Rehme. In den Aemtern sind folgende acht kleine Städte: Oldendorf, Werther, Halle, Borgholzhausen, Versmold, Enger, Bünde und Blotho, welche alle mehr oder weniger mit Garn und Leinwand handeln.

C. Die Grafschaft Tecklenburg.

Hülfsmittel. S. oben die Vorerinnerung, die Preußisch-Westphälischen Staaten überhaupt betreffend. — Auf der nachher anzuführenden kleinen Kalender-Karte von Lingen ist auch die Gr. Tecklenburg abgebildet. Weit detaillirter und überhaupt die beste (wenn gleich auch noch nicht ganz genaue und fehlerfreie) Karte von dieser Grafschaft ist diejenige, die Luge gezeichnet hat. Sie gehört zu der historisch-topographisch-statistischen Beschreibung der Grafschaft Tecklenburg, von A. C. Holsche. Berlin, 1788; dem ausführlichsten und gründlichsten Werke über diese Provinz, das man indeß doch, der Vollständigkeit wegen, mit mehreren hierher gehörigen vortrefflichen neueren Nachrichten in dem 13ten Hefte des alten und dem 8ten Hefte des neuen Westphälischen Magazins von Weddigen vergleichen muß.

Lage, Gränzen und Größe. Die Grafschaft Tecklenburg gränzet gegen Norden und Osten an das Hochstift Osnabrück, gegen Süden an das Hochstift Münster, und gegen Westen ebenfalls an das Hochstift Münster und die Grafschaft Lingen. Ihre Größe wird sehr verschieden, bald zu 5, bald zu zu $6\frac{1}{2}$, bald gar zu 11 Quadrat-Meilen angegeben; diese letztere Angabe aber, die von einem sehr landeskundigen Manne herrühret, und im alten Westphälischen Magazin, Heft XIII, S. 48 f. f. so gar auf die einzelnen Aemter, woraus die Provinz besteht, genau vertheilt ist, scheint mir eben aus diesem doppelten Grunde vor den beiden ersteren den Vorzug zu verdienen.

Natürliche Beschaffenheit. Die Hälfte des Landes ist bergig; die Berge sind aber oben flach und hangen zusammen, gewähren auch besonders nach Süden und Südwest, zwischen Bentheim und Warendorf hin, freie und angenehme Aussichten, die am fernen Horizont durch die sauerländischen Gebirge begränzet werden. Gegen Norden verhindert zum Theil die freiere Aussicht der Dikkenberg, in der Obergrafschaft Lingen, von dem indeß ein kleiner Theil, der Schafberg genannt, ins Tecklenburgische hinüberstreicht. Außer demselben gehören zu den vornehmsten Bergen der Provinz noch der Leeder-, Lengericher- und Liener-Berg, so wie unter den kleinen Flüssen und Bächen derselben die Hase und Düte, beide fischreich, vor andern genannt zu werden verdienen. Die Kirchspiele Ladbergen, Liene und Wersen haben einen sandigen Boden, welcher indeß doch vielen Buchweizen oder Heidekorn liefert; alle übrige hab-n aber einen bessern Boden, der Getreide, und Feld- und Gartenfrüchte aller Art, auch Weizen hervorbringt, und mit guten Viehweiden, und Eichen- und Büchen-Waldungen bedeckt ist.

Pro-

Produkte. Bei dem starken Flachs- und Hanf-Bau der Provinz, und wegen der vielen Heuerleute, die hier wohnen, reichet das gewonnene Getreide zur Nothdurft der Einwohner nicht zu, ausgenommen in den Kirchspielen Cappeln und Schale, welche etwas Ansehnliches übrig haben, sondern das Fehlende wird aus dem Bisthum Münster eingeführt. — Die Viehzucht überhaupt genammen ist gut, und sonderlich die Rindvieh- und Schweine-Zucht mehr als hinreichend zur Befriedigung des Bedarfs der Einwohner, weswegen denn auch diese eine ansehnliche Menge Butter und Kälber nach den Städten Osnabrück und Münster zum Verkauf bringen, und jährlich über 1000 Stück Schinken nach Holland versenden. Auch an Holz ist noch kein Mangel, wenn es gleich seit etwa 20 Jahren merklich im Preise gestiegen ist, und in manchen Gegenden sehr abgenommen hat; ja die Bauern in den Kirchspielen Ledde, Leeden, Lotte und Lengerich verfahren noch von dem vielen Holz, das sie auf ihren Stätten besitzen, ein ansehnliches Quantum zum Verkauf nach Osnabrück. Die landesherrlichen Forsten, die aus lauter Büchen und Eichen bestehen, und unter welchen der Habichtswald und der Sundern die größesten sind, betragen 1821 Magdeburgische Morgen, und enthalten viele wilde Schweine, Rehe und sonstiges Wild, dergleichen sich auch auf dem Liener-Berge und in den übrigen Waldungen findet. In den Kirchspielen Cappeln, Liene und Ladbergen, wo nur wenig Holz vorhanden ist, hat man dafür hinlänglichen Torf, auch giebts noch einige andere nützliche Mineralien. Auf dem Schafberge im Kirchspiel Cappeln ist ein Steinkohlenbergwerk, welches die Provinz und die Stadt Osnabrück mit Kohlen versorgt. Die Steingruben an und auf dem Leeder-Berge liefern Sandsteine zur Ausfuhre. Der Lengericher und Liener-Berg bestehen aus Kalksteinen, und viele der übrigen Berge und Hügel enthalten Mergel, der gegenwärtig allenthalben aufgesucht und zur Düngung der Acker vortheilhaft benutzet wird.

Manufakturen, Fabriken und Handel. Die Einwohner dieser Provinz sind sehr arbeitsam und thätig, und man wird wenig Länder finden, wo durchgehends so viel Industrie herrscht, als hier. Des Winters wird von Alt und Jung, beiderlei Geschlechts, gesponnen, und so bald der Frühling und Sommer eintritt, wird von den Frauensleuten gewebet und gebleichet, — die Männer bearbeiten unterdeß den Acker, und so bald dieser bestellet ist, gehen einige hundert von den Heuerleuten und unverheiratheten Männern nach Holland, wo sie 12 — 15 Wochen arbeiten, und gewöhnlich in dieser Zeit 40 — 80 Gulden erübrigen und baar nach Hause bringen. Das vornehmste Gewerbe und Nahrungs-Mittel besteht aber in Verfertigung und Versendung des in Westphalen häufig gemachten Löwend-Linnens, welches größtentheils aus Hanf, zum Theil aber auch aus Flachs allein, oder auch aus Flachs und Hanf zusamsammen verfertiget wird. Das mehreste, besonderes hänfene, Löwend-Linnen geht über Bremen (von woher die Provinz auch ihre mehresten Material- und andere fremde Waaren bezieht) nach England, das übrige flächsene aber auf eben dem Wege nach Spanien, und dann zum Theil weiter nach Westindien. In den 6 Jahren von 1780 — 1786 hat man aus den sämmtlichen Kirchspielen der Provinz (jedoch mit Ausschluß des Kirchspiels Schale, wo kein Löwend-, wohl aber etwas feineres Linnen gemacht wird) an Löwend-Linnen auf der Legge zu Tecklenburg, der einzigen in der Provinz, stempeln lassen und demnächst ins Ausland versandt zusammen 50930 Stück, deren Werth nach dem damaligen Legge- oder Einkaufs-Preise der Kaufleute 826630 Rthlr., — mithin im Durchschnitt für jedes einzelne dieser 6 Jahre 137772 Rthlr. in Golde betrug. Die Kaufleute gewinnen ungefähr 6 bis 7 Procent, und schlagen ihre Gelder 3, 4 bis 5 Mahl um, so daß man, diesen Gewinn mit eingeschlossen, annehmen kann, daß für das hiesige Löwend-Linnen jährlich ungefähr 148 — 150000 Rthlr. ins Land kommen. Und diese Summe ist ganz reiner Landesgewinn, bis auf etwa 10000 Rthlr., die für fremden Hanf- und Lein-Samen jährlich aus der Provinz gehen mögen. Wenn man das Kirchspiel Schale ausnimmt, wo das Linnen-Machen nicht stark getrieben wird, so hat nicht nur jede Familie ihren Weberstuhl, sondern viele haben deren zwei. Die Zahl der sämmtlichen

Leinweberstühle dieser Grafschaft beläuft sich auf 2000 und einige hundert. Was die Einwohner an, größtentheils flächsenem, Garn für sich behalten, und zu mancherlei Kleidungs- und Haushaltungs-Stücken, z. B. zu Hemden, Betttüchern, Drell u. s. w. verarbeiten, beträgt wahrscheinlich auch noch 50000 Rthlr. an Werth, so daß man den gesammten Werth alles dessen, was hier aus Hanf und Flachs fabrizirt und veredelt wird, jährlich auf 200000 Rthlr. anschlagen kann. Die übrigen kleinen Fabriken der Provinz sind von keiner Bedeutung.

Volksmenge. Im Jahr 1787 zählte man in den 3 kleinen Städten der Provinz 370 Feuerstellen und 1992 Einwohner, auf dem platten Lande aber 2786 Feuerstellen und 15241 Menschen — zusammen also 3166 Feuerstellen und 17233 Seelen. Es ist aber nicht allein wahrscheinlich, sondern gewiß, daß die Anzahl der Menschen damals schon größer war, und sich wenigstens auf 18000 belief, und daß viele nur aus Furcht vor dem Soldaten-Stande verschwiegen wurden. Jetzt mag, wie man aus guten Gründen annehmen kann, die wahre Volksmenge der Provinz zwischen 18 und 19000 Seelen betragen. Die Einwohner sind übrigens der evangelisch-reformirten Confession zugethan; doch giebts hier auch einige hundert Lutheraner.

Eintheilung des Landes. Die Provinz enthält folgende 3 Städte: die Stadt Tecklenburg, von dem uralten, jetzt größtentheils verfallenen Berg-

schloß

schlosse gleiches Namens, welches an und über der der Stadt auf dem Gipfel des Berges liegt, so benannt, mit 144 Feuerstellen und 762 Einwohnern, so wie auch mit der einzigen Leinwands-Legge für die ganze Grafschaft, von welcher, so wie auch von der Leinweberei und dem Ackerbau der Ort auch seine meiste Nahrung hat. — Die St. Lengerich oder Margarethen Lengerich am Fuße eines Berges, mit 153 Häusern und 861 Einwohnern. Sie liegt auf dem Postcurs von Münster nach Osnabrück, und von Bielefeld nach Lingen, und ist theils deswegen, theils auch durch andere Gewerbe, z. B. eine nicht unwichtige Tabacks-Fabrik, vor den übrigen Oertern dieser Provinz besonders nahrhaft nnd wohlhabend, hat auch eine schöne alte und berühmte Kirche, in welcher sich die in Münster und Osnabrück residirenden Gesandten der Europäischen Höfe zur Abschließung des Westphälischen Friedens öfters versammelt und daselbst auch die Präliminarien entworfen und unterzeichnet haben. — Das Städtchen Cappeln, zum Unterschiede des im Osnabrückschen belegenen Cappeln, Wester-Cappeln genannt, mit 73 Häusern u. 379 Einwohnern. Im Jahr 1779 brannten hier 29 Häuser ab, zu deren Wiederaufbau König Friedrich II. 6000 Rthlr. schenkte. Das platte Land der Provinz ist in folgende 5 Aemter abgetheilt: Das Amt Habichtswalde, 3½ Quadratmeilen groß, besteht aus den Vogteien Leeden (worin ein abliches Fräuleinstift mit einer Aebtissinn und 9 Conventualinnen), Ledde, Lotte (mit dem alten verfallenen Kloster Osterberg) und Wersen, und enthält 9 Bauerschafschaften, 625 Feuerstellen und 3180 Einwohner. — Das Amt Cappeln, 2 Quadratmeilen groß, mit der Vogtei gleiches Namens, 7 Bauerschaften, 504 Feuerstellen und 2879 Einwohnern. — Das Amt Lienen, 2 Quadratmeilen groß, enthält 8 Bauerschaften (und darunter auch das Dorf Liene, das beste in der Provinz, wo verschiedene ansehnliche Kaufleute wohnen), 565 Feuerstellen und 3178 Einwohner. — Das Amt Ladbergen, 3½ Quadratmeilen groß, enthält in den 2 Vogteien Ladbergen und Lengerich 12 Bauerschaften, 892 Feuerstellen und 5225 Einwohner. — Das Amt Schale, 1 Quadratmeile groß, mit der Vogtei gleiches Namens, 200 Feuerstellen und 779 Einwohnern. Dies Amt liegt übrigens ganz abgesondert von der übrigen Provinz zwischen der Ober- und Niedergrafschaft Lingen, 6 Stunden von Tecklenburg, und hat gutes Kornland aber nicht sonderlich fleißige und wohlhabende Einwohner.

D. Die Grafschaft Lingen.

Hülfsmittel. Eine kleine, aber nicht ganz richtige Karte von dieser Grafschaft, auf einem Quartblatt, findet man in dem Berlinischen genealogischen Kalender von 1780. Weddigens altes Westph. Magazin, besonders Heft VII und XIII. Dessen neues Westph. Magazin und statistische Uebersicht von Westphalen u. s. w.

Lage, Gränzen und Größe. Diese Grafschaft ist von den Bisthümern Münster und Osnabrück

brück und der Grafschaft Tecklenburg eingeschlossen, und nach einer ältern Angabe 8, nach einer neueren und spezielleren aber 13 Quadratmeilen groß, von welchen etwa 3 auf die Obergrafschaft und 10 auf die Niedergrafschaft fallen.

Natürliche Beschaffenheit. In der Niedergrafschaft Lingen, die durch das Tecklenburgische Kirchspiel Schale von der Obergrafschaft getrennt wird, ist der Boden größtentheils nur schlecht und sandig; aber in der Obergrafschaft, sonderlich in den Vogteien Ibbenbühren und Mettingen, sind die Aecker und Wiesen besser und ergiebiger. Die Obergrafschaft Lingen ist bergig. Die Niedergrafschaft Lingen wird an der westlichen Gränze von der Ems gewässert, mit welcher sich alle die übrigen kleineren Flüsse oder Bäche des Landes, die hier ohne Unterschied Aaen genannt werden, vereinigen.

Landesprodukte. Getreide, Flachs, Hanf, Viehzucht, beträchtliche Steinkohlgruben in der Obergrafschaft Lingen, die, jedoch mit Einschluß der Tecklenburgischen Gruben, im Jahr $178\frac{4}{5}$ 68503 Scheffel Kohlen lieferten, von welchen 48915 Scheffel in die Bisthümer Münster und Osnabrück verkauft wurden, Steinbrüche, Torf u. s. w.

Nahrungszweige und Gewerbe. In der Obergrafschaft Lingen wird viel Löwendlinnen fabrizirt; aber doch verhältnißmäßig lange so viel nicht, als im Tecklenburgischen. Inzwischen waren doch im Jahr 1785 auf dem platten Lande der Grafschaft Lingen 540 Leinweber-

Kühstühle, die 2500 Stück Leinwand von verschiedenen Sorten, an Werth für 25000 Rthlr., lieferten und außerhalb Landes absetzten. Auch in den Städten Lingen und Ibbenbühren giebts noch mancherlei kleine Manufakturen in Leinwand, Wolle, Leder, Taback, weißer Stärke u. s. w., wie denn die weiße Stärke- oder Amidam- und Puder-Fabrike in der Stadt Lingen im Jahr 1785 allein für 10000 Rthlr. Waaren verfertigte und davon für 3000 Rthlr. im Lande, und für 7000 Rthlr. außer Landes absetzte. Bei dem allen bestehet aber doch das Hauptgewerbe in der Niedergrafschaft, zum Theil auch in der Obergrafschaft Lingen, außer dem Ackerbau und der Viehzucht, in dem Handel und den Handarbeiten in Holland. Es wohnen hier mehrere Großhändler, welche ihre Waaren aus den Fabriken und auf den Messen aus der ersten Hand kaufen. Jeder von diesen hat 2 bis 300 geringere Kaufleute oder so genannte Packenträger an der Hand, an welche er die Waaren absetzt, die dann von diesen auf dem Rücken weit und breit zum Verkauf herumgetragen werden. Viele andere Einwohner, besonders die geringen Bauern und Heuerleute — was auch bei mehreren andern Westphälischen Provinzen der Fall ist — gehen im Sommer von Ostern bis Jakobi auf Handarbeit nach Holland; die Männer werden zur See beim Wallfischfange und Handel, Torfstechen, Korn- und Gras-Mähen, oder bei den Kanälen gebraucht; dahingegen die Frauensleute in den Gärten, auf den Bleichen u. s. w. ihre Beschäftigung finden. Im Herbst kehren diese Arbeitsleute mit einem guten Verdienst in ihre

Heimath zurück. Die Passage, die von Deutschland nach Holland, England und Frankreich durch diese Grafschaft gehet, verschafft den Einwohnern auch manche Einnahme.

Volksmenge. Im Jahr 1787 zählte man in der Provinz 3 Städte mit 519 Feuerstellen und 2855 Einwohnern, und auf dem platten Lande 4649 Feuerstellen mit 20,577 Einwohnern — zusammen also 5168 Feuerstellen und 23,432 Einwohner, von welchen etwas über 9000 Seelen auf die Obergrafschaft fallen mögen. Uebrigens ist in der Grafschaft Lingen die Reformirte Kirche zwar die herrschende; aber doch sind die meisten Einwohner auf dem platten Lande Römisch-katholisch. —

Eintheilung. Die Grafschaft Lingen wird eingetheilt: 1) in die Niedergrafschaft auf der Nordseite des Tecklenburgischen Kirchspiels Schale; sie enthält Lingen, unweit der Ems, die Hauptstadt der Grafschaft, der Sitz der Regierung (und vormals auch der jetzt wieder mit der Mindenschen Krieges- und Domänen-Kammer vereinigten Provinzial-Kammer) für beide Provinzen, ist nach Holländischer Art ziemlich wohl gebauet, hat 300 Feuerstellen und 1632 Einwohner, ein akademisches Gymnasium, einige gute Manufakturen und in der Nachbarschaft im Norden der Stadt eine bekannte Ueberfahrt über die Ems, die Lingensche Fähre genannt; — das Städtchen Freren. Folgende vier Aemter: Das A. Lengerich, zum Unterschiede von dem Tecklenburgischen Amte gleiches Namens, an der Wallage (eigentlich Wohllage) genannt, enthält auf 3 Quadratmeilen in den 3 Vogteien Lengerich, Bakkum und Bawinkel 15 Bauerschaften, etwa 1000 Feuerstellen und 4760 Einwohner. Das A. Thuine enthält auf 3 Quadratmeilen und in den 3 Vogteien Thuine, Lingen und Bramsche, 18 Bauerschaften, 748 Feuerstellen und 3254 Einwohner. Das A. Freren enthält auf 2 Quadratmeilen in den 2 Vogteien Freren und Beesten, 11 Bauerschaften, 521 Feuerstellen und 2529 Einwohner. — Das A. Schapen enthält auf 2 Quadratm. in den beiden Vogteien Schapen und Plantlünne 6 Bauerschaften, 478 Feuerst. und 2158 Einw. 2) In die Obergrafschaft auf der Südseite des Kirchspiels Schale mit der Stadt Ibbenbühren, von 162 Feuerstellen und 908 Einwohnern. Da die Haupt-Passage von Münster, Hannover und Osnabrück nach England und Frankreich durch diese Stadt geht, dieselbe auch eine Legge und in der Nähe ein Steinkohlen-Bergwerk und einen Mühlen-Stein-Bruch hat; so verschafft dies alles den Einwohnern gute Nahrung. Das A. Ibbenbühren enthält auf 3 Quadratmeilen in den 4 Vogteien Ibbenbühren, Recke, Mettingen und Brochterbeck, 19 Bauerschaften, etwa 1900 Feuerstellen und 7876 Einwohner.

E. Das Fürstenthum Ostfriesland.

Hülfsmittel.

A. An Karten. Die Homannischen Karten von 1730 und 1790 sind sehr brauchbar. Die ältere, Tabula Frisiae Orientalis — emendata ab Ehr.

Chr. Gerh. Coldewey, hat einen saubern Stich und an den Grundrissen der Städte Emden und Aurich, dem Plan vom Dollart vor der Ueberschwemmung, und dem Wappen des Landes angenehme Verzierungen. Der Titel der neueren Ausgabe dieser Karte heißt: Karte von dem Fürstenthum Ostfriesland nach den trigonometrischen und astronomischen Messungen der Herren Wessel und Oeder im Herzogthum Oldenburg und verschiedenen Zeichnungen einzelner Gegenden dieses Fürstenthums neu bearbeitet von F. L. Güssefeld 1790. Die astronomische Lage ist auf dieser Karte weit richtiger als auf der älteren. An die Stelle jener nützlichen Verzierungen sind verschiedene statistische aus den Fischbachischen Beiträgen (s. unten bei den Büchern) zusammengetragene Tabellen gekommen. — Im zweiten Theile dieser Fischbachischen Beiträge findet sich übrigens auch eine zwar nur kleine, aber gute Karte von diesem Fürstenthume auf einem Quartblatte.

B. An Büchern. Historisch-politisch-geographisch-statistisch- und militärische Beiträge die Königl. Preußischen und benachbarten Staaten betreffend von Fischbach, Th. 1. S. 109 f. f. Th. 2. S. 295 f. f. Th. 3. S. 320 f. f. — J. F. Bertrams geographische Beschreibung des Fürstenthums Ostfriesland (Bremen 1739) von neuem herausgegeben und mit einigen Zusätzen vermermehrt von C. H. Norrmann (Aurich 1787). Mit diesen beiden Werken müssen aber

die

der größeren Vollständigkeit wegen noch vergli- chen werden die lehrreichen statistischen Beiträge zur Kenntniß des Fürstenthums Ostfriesland in Weddigens neuem Westph. Magazin, Heft XII. S. 281—292.

Lage, Gränzen und Größe. Das Fürstenthum Ostfriesland, mit Inbegriff des Harlinger Landes, welches die Herrschaften Esens, Stedesdorf und Wittmund begreift, gränzet gegen Mitternacht an die Nordsee, gegen Morgen an die Herrschaft Jever und das Herzogthum Oldenburg, gegen Mittag an das Hochstift Münster und gegen Abend an die Niederländische Provinz Gröningen und die Nordsee, und ist 54, oder nach einer neueren Angabe 68 Quadratmeilen groß. Die Provinz nimmt übrigens noch immer an Umfang und Terrain zu, durch die an den Ufern der Nordsee von Zeit zu Zeit entstehenden zum Theil sehr beträchtlichen Land-Anwächse oder Heller, die, wenn sie die gehörige Größe und Höhe erreicht haben, welches aber viele Jahre währet, mit einem Damme oder Deiche eingefasset und alsdann Groden oder Polder genannt und bei ihrem vorzüglich fetten Boden trefflich benutzet werden.

Natürliche Beschaffenheit. Das Land liegt sehr niedrig, und muß durch kostbare Deiche gegen den Einbruch des Meeres geschützt werden. Längs der Seeküste und am Ausfluß der Ems hat es einen ungemein fruchtbaren, für Ackerbau und Viehzucht gleich zuträglichen Marsch- und Klei-Boden; aber das

das Innere des Landes besteht größtentheils aus Sand, Heidefeldern und Torfmooren, welche letzteren bei dem hiesigen Holzmangel sehr wohlthätig für die Provinz sind. Der vornehmste Fluß des Landes ist die Ems oder Embs, welche aus dem Bisthum Münster kömmt, die Leda aufnimmt, und sich durch den Meerbusen Dollart in die Nordsee ergießt. Der Dollart ist erst gegen das Ende des 13 Jahrhunderts durch einen gewaltigen Einbruch der Meeresfluthen entstanden, durch welchen 50 große und kleine Oerter in dieser Gegend vom Meere verschlungen seyn sollen.

Landesprodukte. Getreide und Hülsenfrüchte aller Art, als Weizen, Rocken, Gerste, Hafer, Buchweizen, Bohnen, weiße, graue und grüne Erbsen in großem Ueberfluß. Zwar Rokken wird nicht so viel gebauet, wie zur Consumtion des Landes nöthig ist, und wenn auch ein Paar hundert Lasten ausgeschifft werden, so führt man dagegen 5 bis 600 Lasten von der Ostsee her wieder ein. Von den übrigen Getreide-Arten wird aber viel exportirt und sonderlich durch den Handel mit dem schweren Brauhafer, der größtentheils nach England geht, das Mehreste gewonnen. An Rappsaat erntet man im Durchschnitt jährlich 1300 Last. — Auch der Flachsbau wird mit Vortheil getrieben. Die Viehzucht ist Haupt-Nahrungsquelle für das Land, und so ergiebig, daß die Provinz jährlich für schöne und große Pferde, fette und magere Ochsen und Kühe, Butter, Käse, Speck, Talg, Federn, Häute u. s. w. mehrere Tonnen Goldes aus fremden Ländern gewinnt. Das Rindvieh ist hier besonders groß und schön, und die Kühe geben hier zum Theil täglich 16, 20 und mehrere Kannen Milch. Der Butter- und Käse-Handel allein soll dem Lande jährlich 200 bis 250000 Rthlr., so wie der Handel mit fetten und mageren Ochsen und anderm Rindvieh jährlich 60 bis 70000 Rthlr. einbringen. Für schöne und große Pferde, die die Einwohner, sonderlich die großen Pferdehändler in dem reichen Flecken Wehner außer Landes nach Deutschland, Frankreich und Italien u. s. w. verkaufen, werden jährlich etwa 150000 Rthlr. gewonnen. — Der Schafstand der Provinz beläuft sich ungefähr auf 30000 Stück. Die Schweine werden größtentheils aus dem Oldenburgischen und Münsterschen jung hereingetrieben, weil die Schweinezucht von keiner Erheblichkeit ist, und bekommen bei einer guten Futterung von Buttermilch und Mehl eine Schwere von 3, 4 bis 500 und mehreren Pfunden. An Speck mag ungefähr jährlich für 4000 Rthlr. nach Holland abgesetzt werden. Unter dem Feder-Vieh sind die Gänse von vorzüglicher Größe und oft 20 bis 24 Pfund schwer, weshalb viele davon verschickt und damit so wohl, als auch durch den Handel mit Posen und Federn jährlich, wie man glaubt, etwa 10 bis 12000 Rthlr. gewonnen werden. Die Bienenzucht ist ziemlich ansehnlich; wichtiger aber noch die Fischerei, vorzüglich die Heringsfischerei, die von Emden aus an den Schottländischen Küsten, jetzt etwa jährlich durch 47 bis 50 Heringsbüsen, mit so vielem Glück und Gewinn getrieben wird, daß

zu

zusammen ungefähr 1800 Menschen ihr Brot dabei finden, und daß die 1769 gestiftete Herings-Compagnie jährlich außer 900 bis 1000 Last Heringen auch noch 8 bis 900 Tonnen Labberdan absetzt. Torf, welcher zwar in den Torfgräbereien oder so genannten Vehnen in großer, aber für das Bedürfniß des fast ganz holzleeren Landes bei weitem nicht zureichender Menge gewonnen wird, weswegen denn auch für fremden Torf- und Holz viel Geld aus der Provinz geht. Thon und Ziegelerde u. s. w.

Manufakturen, Fabriken und Handel. Außer einigen Manufakturen in Wolle, sonderlich den Strupfwirkereien in Emden und einigen andern Orten, ferner in Baumwolle, Leder, Segeltuch u. s. w. sind vorzüglich zu merken die Schiffsbauereien in Emden u. a. O., die Ziegelbrennereien, die Oehlmühlen, die großen Branntweinbrennereien in und um Leer, die Zwirnmühlen in Emden, die im Jahr 1789 für 38668 Rthlr. Waaren außer Landes debitirten, und die berühmte Leinwandsfabrik in Leer, die sehr feine, der Holländischen gleichkommende Leinwand in Menge liefert und größtentheils nach Amsterdam absetzt, wenn gleich diese sonst so blühende Fabrik in neueren Zeiten sehr heruntergekommen ist, so daß ihr auswärtiger Debit, der im Jahr 1772 noch bis 80000 Rthlr stieg, im Jahr 1789 nur noch 32680, und im Jahr 1792 etwa nur noch 27000 Rthlr. betrug. Den Werth der sämmtlichen jährlichen Fabrikate der ganzen Provinz schlägt man jetzt etwa auf 400000 Rthlr. an, und von diesen Waaren werden ungefähr $\frac{11}{12}$ im Lande und $\frac{1}{12}$ außerhalb Landes abgesetzt. Handel

del und Schifffahrt sind hier Hauptgewerbe. Die Provinz beschäftigt jetzt etwa 380 bis 400 eigne Seeschiffe, ohne die Heringsbüsen und Torfschiffe. Ihre Ausfuhr bestehet in Getreide, Viehzuchtsprodukten Rüb-Oehl, Heringen, Fabrikwaaren u. s. w. und die Einfuhr in Holz (jährlich für mehr als 60000 Rthlr.), Wein, Materialwaaren, Metallen, Salz, Fabrikwaaren u. s. w.

Volksmenge. Diese beläuft sich jetzt mit dem Militär etwa auf 105000 Einwohner, die größtentheils der Lutherischen oder reformirten Kirche zugethan sind. Doch sind auch Katholiken und Mennoniten vorhanden, die stillen Gottesdienst halten dürfen. Auch ist in Norden eine kleine evangelische Brüder- oder Herrenhuter-Gemeinde, und an Juden-Familien rechnet man 250.

Eintheilung des Landes. Die Provinz bestehet aus den vier Städten: Aurich, Emden, Esens und Norden, aus 11 Aemtern und mehreren adelichen Herrlichkeiten. Zu merken sind: 1) die Stadt und das Amt Aurich; die Stadt ist die Hauptstadt, der Sitz der hohen Landeskollegien, ziemlich gut gebauet, und hat ein Schloß und gegen 2000 Einwohner. 2) Stadt und Amt Norden; die Stadt hat einen guten Seehafen und Handel, und über 3000 Einwohner. Zum Amte Norden gehört auch die Insel Juist. 3) Stadt und Amt Emden. Emden, an der Ems, ist die größte Stadt in der Provinz, schön gebaut, hat mit der Garnison über 8000 Einwohner, gute Manufakturen und einen sehr ausgebreiteten Handel und Heringsfang; der große

und

und reiche Flecken Jemgum hat viel Handel und Schifffahrt. 4) Das Amt Berum, an der Nordsee, mit dem Flecken Hage, und den benachbarten Inseln Norderney und Baltrum. 5) Das Amt Greetsiel, auch an der Nordsee, mit dem Flecken Greetsiel und der Insel Borkum. 6) Das Amt Pewsum. 7) Das Amt Leer, mit dem großen und reichen Flecken Leer oder Lier an der Leda, welcher über 4400 Einwohner und wichtige Leinwandmanufakturen und Branntweinbrennereien hat. Der große Flecken Wehner. 8) Das Amt Stickhausen. 9) Das Amt Friedeburg, mit der ehemaligen Gränzfestung Friedeburg. — Das Harlinger Land an der Nordsee, enthält: 10) die Stadt und das Amt Esens. Die Stadt hat viel Schifffahrt und Wohlstand. Zu dem Amte Esens gehören auch die etwa eine Meile vom festen Lande in der offenen See belegenen Inseln Langeoog und Spiekeroog, deren Bewohner sich von Ackerbau und Viehzucht, sonderlich aber von der Schifffahrt nähren. 11) Das Amt Wittmund mit dem großen Flecken Wittmund von 1500 Einwohnern. Die adelichen Flecken: Dornum und Neu-Goedens.

F. Die Grafschaft Mark.

Hülfsmittel.

1. An Karten. Die Grafschaft Mark gezeichnet von Friedrich Christoph Müller, Prediger zu Schwelm u. s. w., herausgegeben (als zum Westphälischen Atlas gehörig) von P. F. Weidigen, 1791. Ein Bogen, der geräumiger

und daher auch vollständiger ist, als derjenige Theil der Sotzmannschen Special-Karte von den Preußisch-Westph. Provinzen, den diese Grafschaft einnimmt. Die Karte ist zwar nicht ganz fehlerfrei, aber doch immer sehr schätzbar und die beste Special-Karte. — Die Grafschaft Mark gezeichnet (von Sotzmann) MDCCXCI. Berlin, bei Concha und Franke. Ein Quartblatt für den Berlinischen Kalender.

2. An Büchern. Herr Pred. Müller zu Schwelm hat in dem Neuen Westph. Magazin, des Hrn. Pred. Weddigen Heft 1 eine treffliche Chorographie von dem Hochgerichte Schwelm geliefert, als Anfang und Versuch einer Topographie der ganzen Grafschaft Mark, die aber, so wünschenswerth sie auch ist, bis jetzt noch nicht erschienen. Inzwischen finden sich in Weddigens altem und neuem Westph. Magazin und dessen statistischer Uebersicht von Westphalen sehr wichtige und lehrreiche Nachrichten und Materialien zu einer genauen geographisch-statistischen Beschreibung dieser Provinz, wie denn unter vielen andern Aufsätzen besonders die „Materialien zur geographischen, politischen und statistischen Geschichte der Grafschaft Mark im Neuen Westph. Magazin, Heft V. S. 1—44" hierher gehören.

Lage, Gränzen und Größe. Die Grafschaft Mark ist von dem Herzogthum Berg, von den unmittelbaren Reichsstiften Werden und Essen, von der Grafschaft Recklinghausen, dem Hochstift Mün-

Münster und dem Herzogthum Westphalen umgeben, die größeste Grafschaft im Westphälischen Kreise, und eine der wichtigsten in ganz Deutschland. Ihr Flächen-Inhalt beträgt, ohne Limburg, Dortmund und Lippstadt, 30 Quadratmeilen, von welchen dem so genannten Helweg als der größeren Hälfte nordwärts der Ruhr 16, dem Süder- oder Sauerlande als der kleineren Hälfte südwärts der Ruhr aber 14 solcher Quadratmeilen zufallen.

Natürliche Beschaffenheit. Das Land wird von Osten nach Westen von einem sanften Vorgebirge durchschnitten, dessen östlicher Theil die Haar oder der Haarstrang, der westliche aber der Aardey genannt wird. Dieses Gebirge theilt die Grafschaft in zwei fast gleiche Hälften, nämlich in den Hellweg (hat diesen Namen durch eine nicht ungewöhnliche Verwandlung des r in l, von dem Heerwege oder der großen Heerstraße, welche am Abhange des Haarstranges mitten durch die Grafschaft gehet, und die Weser mit dem Rhein verbindet, und liegt auf der Nordseite des Ruhrflusses und Gebirges), und in das Sauerland, auf der Südseite des Gebirges und der Ruhr (soll wohl eigentlich so viel heißen als Süderland, oder es hat vielleicht auch seinen Namen wegen seiner rauhen, unfruchtbaren und kalten Gebirge erhalten). Der Hellweg ist größtentheils ganz eben, oder doch nur unmerklich wellenförmig, hat einen gesegneten Boden, und ist blühend durch eine reiche Ackerwirthschaft und Viehzucht; hat aber wenig Holz. Das Sauerland hingegen ist durchaus gebirgig und größtentheils rauh und unfruchtbar, hat zwar auch ziemlich gute Viehzucht, aber wenig Ackerbau (in einigen Gegenden kommt kaum etwas Hafer fort); ist aber berühmt, reich und überaus stark bevölkert, wegen der vielen Eisen-, Stahl-, Messing- und andern Metall-Fabriken, und ein Beweis, daß Indüstrie und Kunstfleiß auch die ödeste Gegend in einen Wohnsitz der Freude und des Wohlstandes für Menschen umschaffen kann. Die vornehmsten Flüsse sind die Lippe, und die in neuern Zeiten durch 17 Schleusen zum bequemeren Kohlen- und Salz-Transport schiffbar gemachte Ruhr. Beide Flüsse fließen von Osten nach Westen mit dem Haarstrang parallel (der erstere auf der Nordseite, der andere auf der Südseite desselben) dem Rhein im Herzogthum Cleve zu. Die Lippe nimmt zwei beträchtliche Bäche auf, nämlich die Asse oder Ahse bei Hamm, und die Seseke oder Zesike bei Lünen. In die Ruhr ergießen sich die kleinen Flüsse Lenne und die durch den Bach Empe oder Ennepe verstärkte Volme. Der Bach Emser oder Embscher macht die Gränze mit der Grafschaft Recklinghausen, so wie die Wipper oder Wupper das Hochgericht Schwelm im Sauerlande von dem Herzogthum Berg scheidet.

Landesprodukte. Der fruchtbare Boden des Hellwegs bringt einen großen Ueberfluß von Getreide aller Art, Rap- und Rübsamen, Hanf, Flachs, Obst, Kartoffeln, Gartengewächsen u. s. w. hervor, und es wird von allen diesen Artikeln eine beträchtliche Menge theils ins Sauerland, theils in die benachbarten Provinzen ausgeführt. Die Viehzucht ist auch sehr wichtig. An den Ufern der

Lippe

Lippe und der Ruhr, und selbst auch im Sauerlande sind vortreffliche Weiden, auf welchen man eine große Menge mageres Rindvieh, das man aus dem Holsteinschen und andern dort benachbarten Gegenden eintreibet, fett weidet, und nicht nur die ganze Provinz, sondern auch noch die benachbarten Gegenden mit Schlachtvieh versorgt. Die Schweine- und Schafzucht ist auch erheblich; aber die Pferde- und Bienen-Zucht bedürfen noch einer großen Erweiterung und Verbesserung. — Aus dem hier so vorzüglich gesegneten Mineralreiche sind zu merken: Die unerschöpflich reichen Steinkohlengruben, die in dem Jahr von 1787—1788, 1,769,768 Ringel sehr guter Kohlen lieferten, davon ungefähr 624,624 R. in der Provinz selbst, 728,728 R. ins Bergische und Siegensche, 260,260 R. ins Holländische und 156,156 R. ins Clevische debitirten, und der Provinz durch den Verkauf ins Ausland jährlich mehr als 200000 Thlr. einbringen. Die Salzwerke zu Königsborn bei Unna, zu Sassendorf und zu Werdohl. Das erstere ist Königlich, und liefert jährlich über 1600 Last Salz zur Consumtion für die Königl. Provinzen Mark, Geldern, Cleve und Mörs, und zur Ausfuhr ins Bergische und Münstersche; die beiden letzteren hingegen gehören Privateigenthümern zu, und dürfen ihr Salz größtentheils nur ins Ausland verkaufen. Eisen-Minen zu Dahlen, Heller und Blankenstein, die in einem der neueren Jahre 803614 Pfund lieferten. Galmei-Gruben, Torf, Steinbrüche, der Gesundbrunnen bei Schwelm, und andere Mineralien.

Manufakturen, Fabriken und Handel. Das Sauerland ist der Sitz der ausgebreitetsten Eisen-, Stahl- und Messing-Fabriken, und man kann diese Gegend mit den Gegenden von Scheffield, Birmingham und anderen Metall-Fabriken in Großbritannien und Ireland vergleichen. Diese Sauerländischen Metall-Fabriken liefern in großer Menge Eisen, Stahl- und Messingdraht, allerlei grobe Eisengeräthschaften, z. B. Sensen, Futterklingen, Sicheln, Spaten, Schippen, Aexte, und endlich allerlei Kleineisen-, Stahl- und Messingwaaren, z. B. Messer, Scheren, Gabeln, Feuerstähle, Ketten, Maultrommeln, Hämmer, Zangen, Koffeemühlen, Lichtputzen, Brenneisen, Fingerhüte, Raspeln, Feilen, Haken und Oehre, Steck-, Strick-, Näh- und Haarnadeln, Fischangeln u. s. w., und ziehen dadurch gegen eine Million Thaler ins Land. Auch die Spinnerei für die inländischen und Bergischen Fabriken, die sich immer mehr ausbreitenden Manufakturen in Band, halbleinenen, halbbaumwollenen, ganz seidenen und halbseidenen Zeugen, einige Tuch- und Leinwand-Manufakturen, und die überaus zahlreichen und vortrefflichen Bleichen, vorzüglich bei Iserlon, Hagen, Schwelm u. a. a. O., verdienen als wichtige Nahrungszweige hier angeführt zu werden. Im Jahr von 1787 — 1788 hatte die Provinz von ihren gesammten Manufakturen und Fabriken und deren ins Ausland versandten Fabrikaten, außer ihrer eigenen Consumtion, und nach Abzug des Werths aller ausländischen Materialien, einen völlig reinen Gewinn von 917447 Rthlrn. Der Handel dieser

Pro-

Provinz bestehet vornehmlich in der Ausfuhr der hiesigen Manufaktur- und Fabrik-Waaren, und in einem beträchtlichen Zwischenhandel der Kaufleute zu Iserlon, u. a. a. O. —

Volksmenge. In dem Jahr von 1787—1788 zählte man in der Grafschaft Mark, mit Ausschluß des Antheils an Lippstadt, 24 Städte, 84 Kirch- und 380 andere Dörfer und Bauerschaften, 189 Rittersitze, 185 Korn-, 69 Oehl-, 18 Papier- und 5 Pulver-Mühlen, 25101 Feuerstellen und, ebenfalls ohne Lippstadt, so wie auch ohne das Militär, Dortmund und Limburg, 121984 Einwohner, so daß hier im Durchschnitt noch über 4000 Seelen auf einer Quadrat-Meile leben. Jetzt beträgt die gesammte Volksmenge mit Inbegriff von Lippstadt und mit dem Militär wenigstens 130000 Seelen; würde aber noch merklich größer seyn, wenn nicht die Leichtigkeit des Verdienstes, und die völlige Handels-Freiheit, so wie auch die völlige Befreiung von Abgaben viele Unterthanen aus der Grafschaft Mark in das benachbarte Herzogthum Berg hinlockte. In vorigen Zeiten hat auch die Furcht vor der Werbung sehr viele junge Leute aus dem Märkischen ins Bergische getrieben, und man kann gewiß behaupten, daß beinahe die Hälfte der Bewohner des Wupperthals aus dem Märkischen stammet, und daß dies Thal hauptsächlich den Märkern seinen Flor zu verdanken hat. Seitdem der König aber den Fabriken-Distrikten die Werbefreiheit geschenkt, und die Ausgetretenen pardonnirt hat — ist auch die Volksmenge und der Flor der Provinz, besonders auch des Hochgerichts Schwelm an der

Bergischen Gränze, sichtbar gewachsen, und muß jetzt natürlich um so mehr und schneller zunehmen, da das benachbarte Herzogthum Berg seit Jahr und Tag auch einer von den Schauplätzen des Französischen Krieges geworden, und eben damit in dem Flor seiner Fabriken und in seinem Wohlstande gestört und merklich zurückgekommen ist. Uebrigens sind die meisten Einwohner Lutherisch; es giebt aber auch mehrere Reformirte, und hin und wieder auch Katholiken.

Eintheilung des Landes. Die Grafschaft enthält:

a) Die steuerräthlichen Städte-Kreise, welche sind: 1) Der Städte-Kreis niederwärts oder nordwärts der Ruhr, darin: Hamm, die Hauptstadt der Grafschaft, beim Einfluß der Asse in die Lippe, ist der Sitz einer eignen Kriegs- und Domänen-Kammer für die Grafschaft, und eines reformirten Gymnasiums, und nahrhaft durch einige Manufakturen, Leinwandbleichen, Ackerbau, Viehzucht und Brauerei. — Die kleinen Städte Lünen, Bockum oder Bochum (hat viel Eisenarbeiter), Castrop, Wattenscheid, Westhoven, Schwerte und Hörde. — Die Stadt Unna, dem Range nach die zweite Stadt in der Grafschaft, nahrhaft und ziemlich wohlhabend durch Ackerbau, Brauen, Branntweinbrennen, u. s. w. mit dem benachbarten wichtigen Königl. Salzwerk zu Königsborn (s. oben). Die Stadt Camen. 2) Der Städtekreis südwärts der Ruhr, enthält folgende Städte: Iserlon oder Lon, eine schöne, reiche, größtentheils in

neue-

neueren Zeiten erst aufgebauete Handelsstadt, in einer sehr rauhen und bergigen Gegend, hat etwa 5000 Einwohner, wichtige Seiden-, Band-, Sammet-, Leinen- und Baumwollen-Manufakturen, und noch wichtigere Fabriken in Eisen und Messing, in welchen vorzüglich die so genannte Panzermacherzunft beschäftiget ist, und einen sehr ausgebreiteten Handel. — Die Stadt Hagen mit wichtigen Bleichen und Eisenfabriken. — Die kleinen Städte Blankenstein und Hattingen. — Die Stadt Schwelm hat Zeug- und Band-Manufakturen, sehr wichtige Eisenfabriken, und in der Nähe gute Bleichen und einen Gesundbrunnen. In der Nähe von Schwelm liegen auch das wegen seiner zahlreichen Eisenfabriken merkwürdige Kirchspiel Halver, und eine nicht minder merkwürdige geräumige Erdhöhle, die Kluter genannt. — Die Städte Altena, an der Lenne und Nette (eine der größten in der Grafschaft), Breckerfelde, Lüdenscheid, Plettenberg, Nienrade oder Neuenrade, sind alle wichtig wegen ihrer Eisen-, Stahl- und Draht-Fabriken. — Die Stadt Wetter ist der Sitz des Bergamts der Provinz, und wird nebst der Stadt Herdicke von einigen zu den Städten nordwärts der Ruhr gerechnet. — Die kleine Stadt Meinertshagen.

b) Die Stadt Soest, nebst ihrem Gebiet, die Soestische Börde genannt. Die Stadt ist groß, aber nicht gut gebauet, hat über 5000 Einwohner, einen sehr ergiebigen Ackerbau und Kornhandel, und einige Manufakturen. Die Börde ist ein fruchtbarer

rer Landstrich, der vortrefflichen Ackerbau, gute Viehzucht und wohlhabende Landleute hat, und auch das Salzwerk zu Sassendorf enthält.

c) Die Stadt Lippstadt, am Flusse und in der Grafschaft Lippe, welche etwas befestiget ist, und dem Churfürsten zu Brandenburg, als Grafen von der Mark, und dem regierenden Grafen zu Lippe gemeinschaftlich gehöret, auch von beiden gemeinschaftlich regieret wird; aber das Festungs- und Besatzungs-Recht nebst dem Postwesen hat der König von Preußen allein.

d) Die vier landräthlichen Kreise, in welche das platte Land vertheilt ist. Sie heißen: der Hammische Kreis. — Der Hoerdische Kreis. — Der Wetterische Kreis, und der Altenaische Kreis. —

e) Die Grafschaft Limburg gränzet an das Herzogthum Westphalen, liegt aber übrigens im Umfange der Grafschaft Mark, und ist ein Lehn- und Schutzland derselben, weswegen auch ihr Besitzer, der Graf von Tecklenburg-Bentheim-Steinfurt jährlich 3056 Reichsthaler an den König von Preußen zur Recognition der Landeshoheit bezahlt. Sie hat gute Nahrung durch Ackerbau, Viehzucht und Manufakturen, und enthält das gräfliche Residenzschloß Limburg, oder Hohen-Limburg, auf einem hohen Berge an der Lenne, und überhaupt 7 Kirchspiele, in welchem 1786, 5521 Menschen lebten.

Anmerk. Die reichs-unmittelbare Herrschaft Gimborn-Neustadt hat in vorigen Zeiten auch zu

der

der Grafschaft Mark, mit der sie gränzet, gehört, steht auch noch als Lehn derselben in gewisser Verbindung mit ihr. Im Jahr 1781 hat sie der Fürst von Schwarzenberg mit Königl. Preuß. Bewilligung dem Churbraunschweigischen General-Lieutenant von Wallmoden verkaufet. Die merkwürdigsten Oerter darin sind: das Schloß Gimborn an der Gränze des Herzogthums Berg und die kleine Stadt Neustadt.

G. Das Herzogthum Cleve.

Hülfsmittel. Die Homannische von Güssefeld sehr verbesserte Karte vom Herzogthum Cleve, die 1785 erschienen, ist gut und brauchbar. Egbert Hopplus kurze Beschreibung des Herzogthums Cleve, die schon 1655 zu Cleve herauskam und 1781 zu Wesel neu aufgelegt, aber nur in der Sprache verbessert wurde, hat durch die Länge der Zeit fast allen Werth und Brauchbarkeit verloren. Aber das Journal von und für Deutschland, noch weit mehr aber Weddigens altes und neues Westphälisches Magazin, und dessen statistische Uebersicht von Westphalen liefern zur Beschreibung dieser Provinz sehr schätzbare Materialien.

Lage, Gränzen und Größe. Das Herzogthum Cleve liegt auf beiden Seiten des Rheins; gränzt gegen Morgen an das Bisthum Münster und die Cölnische Grafschaft Recklinghausen; gegen Mittag an die Abtei Essen, das Herzogthum Berg, das Fürstenthum Mörs, einen Theil des Erzstifts Cöln und das Preußische Geldern; gegen Abend an die Her-

Herzogthümer Brabant und Geldern; gegen Mitternacht an Geldern und das Bisthum Münster, und ist etwa 40 Quadrat-Meilen groß.

Natürliche Beschaffenheit. Der Boden ist überall etwas bergig, vorzüglich aber auf der Südwestseite des Rheins, wo auch der bekannte, ehemals sehr finstere, jetzt aber ziemlich ausgehauene Reichswald liegt; aber es giebt auch viele Niederungen, besonders am Rhein, die für die Viehzucht eben so ergiebig, als nutzbar die hochliegenden Gegenden für den Ackerbau sind. Der Hauptfluß ist der Rhein, welcher hier die Flüsse Roer oder Ruhr, Emser und Lippe aufnimmt. Die Maas, welche hier den aus dem Preußischen Geldern kommenden Fluß Niers empfängt, berührt die westliche, so wie die alte Yssel oder Issel die nördliche Gränze der Provinz.

Landesprodukte. Das Land hat auf beiden Seiten des Rheins sehr fette Wiesen und Weiden, auf welchen viel Rindvieh gemästet, und dann größtentheils ins Ausland verkauft wird. Dieser Viehhandel ist eine Hauptquelle des Landesreichthums, und jetzt um so vortheilhafter, da die Landleute — was in vorigen Zeiten nicht geschahe — die zu mästenden Ochsen selbst zuziehen und ihre Heerden dadurch mehr vor der Viehseuche sichern. Auch die Pferdezucht ist beträchtlich. Das Land hat auch Getreide aller Art, Obst, Gartengewächse, Taback, Flachs (wird sehr stark angebauet) in hinreichender Menge und zum Theil im Ueberfluß, hin und wieder auch noch gute Waldungen. Auch die Fischerei ist wich-

wichtig, und der Rheinlachs allgemein bekannt und beliebt.

Manufakturen, Fabriken und Handel. Die Tuch-, Zeug- und Wollmanufakturen breiten sich immer mehr aus, und sind vorzüglich wichtig in den Städten Cleve, Duisburg, Emmerich, Holten, Orsoy, Xanten, u. a. O. Die Leinwand-Manufakturen haben gegen vorige Zeiten abgenommen. Auch giebt es hin und wieder, besonders aber zu Duisburg, mehrere wichtige Manufakturen in Seide, Tabacksfabriken, ferner mehrere Fabriken in Leder, Stärke, Seife, Metallen, Zwirn, u. s. w. Im Jahr 1785 betrug der Werth aller in dieser Provinz fabrizirten Waaren zusammen 480272 Rthlr., von welchen auf den Debit im Lande 152052, auf den auswärtigen Debit aber 328220 Rthlr. fallen. Duisburg ist indeß die Haupt-Manufaktur- und Fabrik-Stadt der Provinz, und lieferte in dem vorher genannten Jahre allein für 215450 Rthlr. Fabrikate. Die Spinnerei für die Manufakturen in den benachbarten Provinzen ist hier auch ein einträgliches Gewerbe. Zum Handel hat die Provinz eine sehr vortheilhafte Lage.

Volksmenge. Die Provinz hat jetzt mit dem Militär etwa 96000 Einwohner, unter welchen die meisten der Römisch-katholischen Religion zugethan sind; doch giebts auch viele Reformirte, und die Lutheraner, Mennoniten und Juden haben auch freie Religionsübung.

Eintheilung der Provinz. Das Land wird eingetheilt:

a) in die steuerräthlichen Kreise. Diese sind: 1) der Städte-Kreis im Westen des Rheins niederwärts, enthält: die Stadt Cleve, ½ Meile vom Rhein und 2 Meilen von der Maas, an dem kleinen Fluß Kermisdal, der sie mit dem Rh in in Verbindung setzt, ist die Hauptstadt der Provinz, der Sitz der hohen Landeskollegien für die Provinzen Cleve und Mark, hat über 5000 Einwohner, eine ansehnliche Seidenmanufaktur, eine Wollenzeugmanufaktur und Tabacksfabrik, und in der Nähe viele schöne Gegenden, Gärten, Alleen, Spaziergänge und einen sehr angenehmen Thiergarten mit einem Gesundbrunnen. — Die Städte: Emmerich am Rhein, Cranenburg, Sevenaer, Huissen oder Heussen, Gennep (am Niersfluß, der hier in die Maas fällt), Griethausen und Goch (hat beträchtlichen Handel und mehrere gute Manufakturen). 2) Der Städte-Kreis im Westen des Rheins oberwärts, und darin: die Stadt Xanten (besser: Sancten), hat gute Tuchmanufakturen; — die Stadt Orsoy, mit wichtigen Tuch- und Wollmanufakturen. — Die Städte: Calcar, Sonsbeck, Uedem, Büderich oder Bürich, Kervenheim und Grieth (die drei letzten am Rhein). 3) Der Städte Kreis ostwärts des Rheins, und darin: Wesel oder Niederwesel (zum Unterschied von Oberwesel im Trierischen), die größte Stadt des ganzen Landes, am Einfluß der Lippe in den Rhein, hat eine wichtige Citadelle, eine starke Garnison, und mit dieser etwa 8 bis 9000 Einwohner, ist auch nahrhaft durch mehrere gute Manufakfakturen, Schifffahrt und einen nicht unwichtigen Zwischenhandel. — Die Stadt Duisburg am Flusse Ruhr, und etwa ½ Stunde vom Rhein, an dessen Ufer sie vormals lag, hat eine reformirte Universität, ein Gymnasium, über 3500 Einwohner und überaus wichtige Sammet-, Tuch-, Tabacks und andere Fabriken, und treibt einen sehr ansehnlichen Handel. — Die kleinen Städte: Rees, Dinslacken, Ruhrort oder Roerort (nahrhaft durch Schiffbau und Schifffahrt), Schermbeck oder Scherenbeck, Holt oder Holten (mit sehr wichtigen Tuchfabriken), und Ysselburg oder Isselburg.

b) In die landräthlichen Kreise, welche heißen: der Clevische Kreis; — der Weselsche Kreis; — der Emmerichsche Kreis.

H. Das Fürstenthum Meurs.

Hülfsmittel. Von dem Fürstenthum Meurs hat man eine eigene sehr gute Landkarte von A. von Heurdt, die in der Officin von Covens und Mortier ohne Jahrszahl im gewöhnlichen Format erschienen. An einer besondern Beschreibung der Provinz fehlt es zur Zeit noch. Auch Herrn Weddigens Westphälisches Magazin ist in Absicht dieser Provinz nicht sonderlich reich an Nachrichten. Man vergleiche indeß das alte Westph. Magazin, Heft IV. S. 164 f. f.

Das Fürstenthum Meurs liegt am Rhein, ist von den Herzogthümern Cleve und Berg, dem Erzstift Cöln und dem Herzogthum Geldern umgeben,

geben, und enthält auf 6 Quadrat-Meilen etwa 17 bis 20000 Einwohner. Es hat an mehreren Orten einen sehr niedrigen, sumpfigen und morastigen Boden, ist aber doch gut angebauet, und trägt Korn, Flachs u. s. w. im Ueberfluß, hat auch sehr gute Viehzucht. Unter den mancherlei hiesigen Manufakturen sind die Seidenmanufakuren die wichtigsten, und unter diesen ist keine ausgebreiteter, als die große Seidenmanufaktur der Gebrüder von der Leyen, die in und um Crefeld 4 bis 5000 Menschen beschäftiget, und alle Arten von schweren und leichten seidenen Zeugen liefert, deren Absatz sich bis in die entferntesten Gegenden erstreckt. Außerdem sind noch verschiedene Tuch- und Zeugmanufakturen, und einige andere für baumwollene und leinene Waaren, so wie auch viele Band-, Garn- und Zwirn-Mühlen, Rauch- und Schnupftabacks-Fabriken, Seifensiedereien, Essigbrauereien u. d. m. vorhanden. Der Handel ist hier sehr lebhaft. Die Einwohner sind größtentheils reformirt; aber es giebt auch mehrere Katholiken, Lutheraner, Mennoniten und Juden. Die beiden wichtigsten Städte sind: die Stadt Mörs oder Meurs mit einem Schloß, der Sitz der Landeskollegien für dies kleine Fürstenthum. — Die Stadt Crefeld zeichnet sich durch ihre Regelmäßigkeit und Schönheit am ganzen Niederrhein aus; besonders aber ist die Neustadt vortrefflich gebauet. Sie ist eine überaus wichtige Manufaktur- und Handels-Stadt, in welcher die meisten obgedachten Fabriken ihren Sitz haben. Sie hat gegen 6000 Einwohner und über 1500 angenehme Gärten vor ihren Thoren, auf welche die

die Einwohner viele Kosten und Zeit wenden.

Anhangsweise gehört hieher noch:

I. Der Preußische Antheil an dem Herzogthum Geldern.

Hülfsmittel. Die beste besondere Karte vom Preußischen Geldern findet man in den schon oft erwähnten Fischbachischen historisch-statistischen Beiträgen, die Preußischen Staaten betreffend, Th. 2. B. 1.; — und eben daselbst Th. 2. B. 1. S. 193 f. f. und Th. 3. B. 1. S. 173 f. f. zugleich auch die beste specielle Beschreibung des Landes.

Das Preußische Geldern liegt an der Maas und dem Flusse Niers (welche beiden Flüsse man mittelst der jetzt verfallenen Fossa Eugeniana, zu Anfang des 17ten Jahrhunderts (1626), mit dem Rhein in Verbindung zu setzen, nicht ohne Erfolg versucht hat), — gränzet gegen Morgen an das Fürstenthum Mörs und das Erzstift Cöln, gegen Abend an das Herzogthum Brabant, gegen Mitternacht an das Herzogthum Cleve, und gegen Mittag an das Erzstift Cöln, das Herzogthum Jülich, das Oestreichische Geldern und die Grafschaft Hoorn, und enthält jetzt auf 24 Quadrat-Meilen etwa 50000 Einwohner. Das Land ist größtentheils eben und niedrig, hat wenig Holz, aber dafür desto mehr Torfmoore, die auch so stark genutzt werden, daß mit der Zeit Mangel an Torf, Wiesen und Weiden zu befürchten steht. Der Boden ist, überhaupt genommen, ein sehr fruchtbarer Mittelboden, der Getreide und besonders auch

Flachs im Ueberfluß trägt. Getreide wird in Menge ausgeführt, der Flachs aber im Lande selbst verarbeitet. Das Land hat auch gute Weiden, auf welchen viel Rindvieh fett gemacht, und dann auswärts verkauft wird. Die hiesigen Manufakturen und Fabriken liefern vorzüglich Leinwand, die zum Theil sehr fein ist, mittlere und grobe Tücher, Hüte, Strümpfe u. s. w. Im Jahr 1780 betrug ungefähr der Werth der in der Provinz fabrizirten Seiden-Waaren and Bänder 1320 Rthlr., der verfertigten Wollen-Waaren 21356 und des gemachten Linnens 42947 Rthlr. — mithin den Werth aller Fabrikate 65623 Rthlr. Der Handel ist hier, im Ganzen genommen, besonders wegen der hohen Zölle auf der Maas, nur unbedeutend; aber der Getreidehandel ist doch ein ergiebiger Nahrungszweig. Die herrschende Religion ist die Römisch-katholische; doch sind auch Reformirte u. Lutheraner vorhanden. — Die Provinz wird eingetheilt in das Amt und Land Geldern — in das Amt und Land Strahlen — in das Amt und Land Wachtendonck — in das Amt und Land Crieckenbeck — in das Amt und Land Kessel und in folgende 10 besondere Herrschaften oder Herrlichkeiten, die unter Königlicher Landeshoheit stehen: die Herrlichkeit Walbeck — die H. Aerssen — die H. Weil und Bergen — die H. Afferden — die Herrl. Middelär — die Herrl. Rayen — die Herrlichkeiten Twistede u. Klein-Kevelär, und endlich die Herrlichkeiten Velden und Lom. Man merke die drei Städte: Geldern, am Flusse Niers, der Sitz der Landeskollegien, ehemals auch eine starke Festung, hat über 2000 Einwohwohner, und gute Nahrung von dem Kornhandel, der Brauerei und einigen Manufakturen. — Die Stadt Strahlen, nicht weit vom Niersfluß, und die St. Wachtendonk. Die beiden offenen und wohl bewohnten Orte Crieckenbeck und Kessel. — Kevelär, ein wohl bewohnter großer Ort unter dem Niederamt Geldern, hat gute Nahrung von einem Marienbilde, zu welchem stark gewallfahrtet wird. — Viersen, ein guter wohl bewohnter Ort, der, im Jahr 1780, 180 Leinweberstühle im Gange hatte, welche für 36500 Rthlr. Leinwand verfertigten. Ueberhaupt treibt dieser Ort einen starken Leinwandhandel.

K. Die Grafschaft Sayn-Altenkirchen.

Hülfsmittel. Büschings Geographie und die Güssefeldische Karte vom Westphälischen Kreise.

Diese kleine Provinz gehört jetzt ebenfalls — wenigstens anhangsweise — zu den Preußisch-Westphälischen Staaten, wenn sie gleich nach dem Ableben des letzten Markgrafen von Anspach-Baireuth an Churhannover fällt, wie dies schon oben angemerkt worden ist. Sie liegt größtentheils auf dem Westerwalde im südlichen Theile des Westph. Kreises und wird von den Flüssen Rhein, Sayn und Sieg bewässert. Ihre Größe ist eben so wenig genau bekannt, als die Zahl ihrer Einwohner, die aber gewiß so groß ist, daß dadurch die wenigen Tausende, die den bisher beschriebenen 9 Provinzen an der oben angenommenen Zahl von 600000 Einwohnern etwa fehlen möchten — zumal jetzt, da diese Provinzen

durch

durch den noch fortdauernden Französischen Krieg doch alle mehr oder weniger gelitten, — reichlich ersetzt werden. Die Einwohner nähren sich übrigens hauptsächlich von der Landwirthschaft, doch wird von ihnen auch für die benachbarten Manufakturen sehr viel Wolle, Flachs und insonderheit Baumwolle gesponnen, da in der Provinz selbst keine eigentlichen Manufakturen vorhanden sind. Die Grafschaft enthält folgende 4 Aemter: 1) Das Amt Altenkirchen, welches von Churcöln zu Lehn gehet, mit der Stadt Altenkirchen, worin ein Schloß und die Landesfürstliche Kanzlei befindlich ist, und den 3 theils Lutherischen, theils reformirten Kirchspielen Almersbach, Hilgerod und Mehren. 2) Das Amt Freusburg, ein Churtriersches Lehn, mit dem Flekken und Schloß Freusburg nahe beim Fluß Sieg, und den 3 theils Lutherischen, theils katholischen Kirchspielen Nieder-Fischbach, Kirchen und Gebertshahn. 3) Das Amt Friedewald, ein Hessen-Darmstädtisches Lehn mit dem Städtchen und Schloß Friedewald und dem Flecken Daden, der zum Theil ein Churtriersches Lehn ist, und Lutherischen und reformirten Gottesdienst auch ein Berg-Amt und in der Nähe ein Kupferbergwerk hat. Dieses Bergwerk ward 1749 wieder gewältiget, und giebt außer etwas Silber und Eisen jährlich 250—300 Centner Garkupfer. 4) Das Amt Bendorf mit dem Flecken Bendorf unweit des Rheins, in welchen hier der Fluß Sayn fällt, — hat Luth. und kath. Einwohner, die beide öffentlichen Gottesdienst halten dürfen.

Ende der ersten Abtheilung.

FSC
www.fsc.org
MIX
Papier | Fördert gute Waldnutzung
FSC® C083411

Zeitfracht Medien GmbH
Ferdinand-Jühlke-Straße 7
99095 Erfurt, Deutschland
produktsicherheit@kolibri360.de